城市园林绿化评价标准实用手册

王磐岩　林　鹰　李梅丹　主编

U0294644

中国建筑工业出版社

图书在版编目（CIP）数据

城市园林绿化评价标准实用手册/王磐岩，林鹰，李梅丹
主编. —北京：中国建筑工业出版社，2012.7
ISBN 978-7-112-14388-7

Ⅰ.①城… Ⅱ.①王… ②林… ③李… Ⅲ.①城市-
园林-绿化-评价标准-手册 Ⅳ.①S731.2-62

中国版本图书馆 CIP 数据核字（2012）第 115444 号

责任编辑：郑淮兵
责任设计：何一明
责任校对：姜小莲 刘 钰

城市园林绿化评价标准实用手册

王磐岩 林 鹰 李梅丹 主编

*

中国建筑工业出版社出版、发行（北京西郊百万庄）
各地新华书店、建筑书店经销
北京红光制版公司制版
北京建筑工业印刷厂印刷

*

开本：787×1092毫米 1/16 印张：9 字数：216千字
2012年10月第一版 2014年7月第四次印刷
定价：30.00元
ISBN 978-7-112-14388-7
(22435)

编委会人员名单

主　　编：王磐岩　林　鹰　李梅丹

编写人员：徐海云　贾建中　程小文　雷　芸　姜　娜

　　　　　魏　民　衣学领　王丽君　吴　勇　朱世伟

　　　　　周庆生　张　浪　崔心红　朱伟华　唐跃琳

　　　　　孔彦鸿　韩炳越　张晓佳　朱建宁　李　雄

　　　　　刘庆华　陈晓青　陈　萍　茅晓伟　张永清

　　　　　白伟岚　王继旭　周　波　王铁飞　傅徽南

　　　　　翟　伟　杜　静

序

城市园林绿化是公益事业，是城市生态环境建设的重要组成部分，是城市风貌和城市形象的重要表现形式，是城市文化和休闲生活的重要载体，是最被城市市民所认知、认可和关注的城市唯一有生命的基础设施。

随着人们对城市环境和城市风貌等问题越来越高的关注度，包括《城市容貌标准》、《绿色建筑评价标准》、《地表水环境质量标准》、《城市区域环境噪声标准》等一些国家标准陆续出台，城市道路、建筑、公共场所、广告设施与标识、公共设施、环境照明、噪声与水环境等方面都有了可用于评价的国家标准，但对于城市环境起到重要作用的园林绿化评价却长期以来处于空白。

2010年，在住房和城乡建设部统一部署下，由城市建设研究院主编的《城市园林绿化评价标准》（以下简称"评价标准"）正式颁布，是全行业的一件大事。标准一经出台，就得到了各地园林部门的高度重视，成为园林行业管理者认知度较高的标准之一。

"评价标准"有两个突出特点：

一是实现了城市园林绿化评价的全等级覆盖。在"评价标准"建立城市园林绿化的分级体系中，全国所有的设市城市均可找到自己的位置。同时，"评价标准"的建立，将实现由原来的"要评比所以评价"向"不评比也可以评价"的本质转变，使各城市的园林绿化评价成为一项常态化的管理内容。

二是引导城市园林绿化建设向节约型、生态型、功能完善型发展。

随着社会经济的发展，我国园林绿化行业发展也必将由"快中求好"向"好中求快"的发展模式转变。绿地面积及比例受城市建设用地规模限制不可能无限扩大，城市园林绿地面积增长到一定数量后城市园林绿化建设面临的主要问题将是如何提高绿地质量、如何完善绿地系统的均衡性、如何充分发挥绿地系统的综合功能等；从某种意义上讲，城市园林绿化整体质量的提升往往比数量增长难度更大、情况更复杂，意义也更重大而深远；目前一些城市虽然绿地指标较高，但是在绿地的品质方面距离生态、景观、文化、艺术的标准，以及日益提高的城市居民文化娱乐、情操陶冶等诸方面的要求都有较大差距。所以建立一套涵盖园林绿化"质"与"量"评价体系的"评价标准"，对促进城市园林绿化建设向节约型、生态型、功能完善型发展具有突出意义。

从2011年开始，"评价标准"作为新修订的"国家园林城市"和"国家生态园林城市"标准的主要技术支撑，成为各地城市园林绿化建设的目标和指南。为此，住房和城乡建设部以及各地建设主管部门已在全国各地陆续举办过十余次的"评价标准"宣贯会、培训班。但同时也要看到，因为"评价标准"刚刚出台两年，其中还涉及了一些以前在园林绿化中不经常接触的内容，再加上城市园林绿化的地域性具有非常明显的特点，有些园林绿化评价的内容、范畴的准确界定较难，各城市在使用的过程中不可避免地存在有一些认识上和操作上的困难，还需要在一定时期对标准进行深入的解读。

这本《城市园林绿化评价标准使用手册》出版非常及时，是各地园林管理部门掌握"评价标准"的忠实助手。它既是一本技术手册，详细阐述了各项评价内容设置的意义、目的、依据，在使用过程中的要点和方法，对于该标准实施过程中的一些疑问也做了针对性地解答，还列举了范例。同时，它还是一本工具书，汇集了《城市园林绿化评价标准》（GB/T 50563—2010）依据和引用的主要法律、法规和标准规范。通读全书，不仅对我国现阶段园林绿化的技术水平和行业引导方向会有一个详尽的了解，还能掌握我国园林绿化行业管理和技术管理方面有怎样的政策和规定。

城市园林绿化的突出特点在于它是有生命、动态发展的，正确地把握和引导需要将科学的理论与实践相结合。衷心希望本书成为沟通广大园林理论研究者和管理工作者的纽带和桥梁，共同为我国的园林绿化事业作出贡献。

张树林

2012.8

目　录

第三章　等　级　评　价

第四章　城市园林绿化等级评价实例分析

第二篇　城市园林绿化评价常用资料

第五章　法　律　法　规

第六章　标　准　规　范

第一篇
城市园林绿化评价
标准释义及应用

第一章 概　论

第一节 总　则

一、目的意义

1. 为规范城市园林绿化评价，完善城市园林绿化标准体系，全面促进我国的城市园林绿化建设，积极引导城市环境、社会、经济的可持续协调发展，努力构建和谐、安全、健康、舒适的城市人居环境和生态环境，制定本标准。

2. 释义

城市园林绿化是影响城市经济、社会、生态协调发展的重要因素。在本标准制定之前，尚没有一个针对城市园林绿化综合水平进行评价的规范，各城市执行的一些评价办法存在着定义模糊、标准不统一等诸多问题。建立一套科学评价城市园林绿化水平，正确引导城市园林绿化健康发展，全国统一适用的国家标准，是本标准的编制目的。

二、适用范围

1. 本标准适用于设市城市的城市园林绿化综合管理评价、城市园林绿地建设评价、各类城市绿地建设管控评价、与城市园林绿化相关的生态环境和市政设施建设评价以及城市园林绿化的特色建设。

2. 释义

本项主要说明两点：

1）本标准针对国务院确定的设市城市制订。县人民政府所在地的建制镇（即县城）和县以下的建制镇（即县辖建制镇），因其园林绿化和相关市政建设、环境建设要求、条件与设市城市有较大的差异，故不列入本标准的适用范围。

2）在城市化快速发展的今天，城市园林绿化已成为现代城市健康发展的核心要素之一。有效发挥城市园林绿化的综合作用，涉及城市基础设施建设的多领域，涵盖了城市宜居环境的各个方面。本标准除评价城市总体和各类绿地水平外，还包括城市生态环境和与城市园林绿化相关的城市市政设施的评价。因我国地域广阔，再加上历史文化差异，各地园林绿化都有一些具有本地特色的建设内容，为突出特色，本评价标准也将这部分内容列入评价。

第二节 基 本 规 定

一、评价类型

1. 城市园林绿化评价类型应包括综合管理、绿地建设、建设管控、生态环境、市政设施共五种。

    2. 释义

    通过对影响城市园林绿化水平的直接和相关要素进行特性归类，建立评价分类体系。

二、等级划分

    1. 城市园林绿化由高到低分成四个标准等级，分别为城市园林绿化Ⅰ级、城市园林绿化Ⅱ级、城市园林绿化Ⅲ级和城市园林绿化Ⅳ级。

    2. 释义

    通过从高到低的标准等级设定，构建了对城市园林绿化管理水平的分级评价体系。

三、评价项目

    1. 各标准等级的评价项目应包括基本项、一般项和附加项，并应符合下列规定：

    1）各标准等级的基本项为本标准等级中应纳入评价的内容；

    2）各标准等级的一般项为本标准等级中宜纳入评价的内容；

    3）各标准等级的附加项为本标准等级中可纳入评价的内容。

    2. 释义

    我国幅员辽阔，各城市在自然条件、社会人文、工程技术等方面差异较大，考虑到各城市的园林绿化特色，评价指标分成基本项、一般项和附加项。基本项属于城市园林绿化中的核心内容，一般项为城市园林绿化中较为重要的内容。对一些具有地方或地域特色的城市园林绿化评价内容和一些目前在全国推广有一定局限的评价内容、研究推介方向性的评价内容，本标准设置为附加项，在评价时可一定程度地替代同类评价的一般项，进一步突出对城市园林绿化特色性的鼓励。

四、标准等级与评价项目的对应关系

    1. 各评价项目在标准等级中的作用具有如下关系：

    1）各评价项目基本项是各评价等级的必选项；

    2）各标准等级的绿化建设和建设管控评价中，在满足一般项的数量无法达到对于一般项的数量要求时，可选择附加项进行评价。满足任意两项附加项的评价标准要求可视为满足一项一般项，不得重复选择。

    2. 释义

    基本项、一般项和特殊项的确定是根据对城市园林绿化水平影响因子的重要性和广泛性予以确定的，因而对评价城市园林绿化等级影响的重要程度不同。本标准评价采用了选项达标的方式，并规定了相关评价项的替代关系。

    本标准评价采用的选项达标方法，其特点：

    1）操作简便，理解直观，目标明确，不需要通过复杂的计算就能得到结论。

    2）有利于明确重点，强化管理城市园林绿化基础性指标。必选项为基础性指标，可以理解为一票否决的指标。

3）保留特色。对一些适应特定城市的条款作为选择指标，符合园林绿地建设应因地制宜的原则。

4）园林理论和技术发展很快，采用选项达标的方式，具有较强的开放性，有利于随着发展对标准的条款进行删减和增加。

第二章 内 容 释 义

第一节 综 合 管 理 评 价

一、城市园林绿化管理机构

1. 评价要求

1）应按照各级政府职能分工的要求，设立相应的机构；

2）应依照法律法规授权有效行使行政管理职能。

2. 释义

管理机构的设置是城市园林绿化建设和发展的基础，管理机构职能薄弱是目前制约城市园林绿化发展的重要原因之一。《城市绿化条例》第七条要求："城市人民政府城市绿化行政主管部门主管本行政区域内城市规划区的城市绿化工作。"加强城市园林绿化工作，就必须有强有力的管理机构作保证。在国外一些关于城市绿色环境的评价中，如欧盟城市绿色环境 URGE（Urban Green Environment），对于行政机关中的决策效率也作为评价内容。

3. 评价说明

评价本项指标需要查阅相关管理机构成立和三定方案的批文，根据园林绿化管理的要求，考评该机构所赋予的职能是否满足要求。

二、城市园林绿化科研能力

1. 评价要求

应满足以下任意一项要求：

1）具有以城市园林绿化的研究、成果推广和科普宣传为主要工作内容的研究机构；

2）近三年（含评价期当年度）具有在实际应用中得到推广的园林科研项目。

2. 释义

《城市绿化条例》第四条要求："国家鼓励和加强城市绿化的科学研究，推广先进技术，提高城市绿化的科学技术和艺术水平。"

一个城市的科研能力是实现高质量园林绿化的重要保障。本项评价内容有城市科研机构和实际应用的科研成果两项。因为城市的规模不同，发展条件和需求也不尽相同。一些城市可能没有设立专门的科研机构，但可依托大城市的资源取得科技成果，所以评价中科研机构和科研成果只要满足一项就可以认为是满足评价要求。

3. 评价说明

这里需要注意，相关机构主要指业务以科研为主，连续年科研完成量达到一定规模的机构，不以科研为主但从事过科研课题的机构不能列入。科研成果指针对本地区城市园林绿化技术研究要求有针对性的研发，且近三年已在本地区实践中得到应用的研究成果。科研成果包括本城市或其他城市科研机构的研发成果。

评价本项指标需要核查科研机构职能设置的文件、科研项目立项及评估报告、科研项目实际应用情况；科研成果需要核查科研项目关键技术、研究机构、取得成果时间和应用情况。

三、城市园林绿化维护专项资金

1. 评价要求

城市园林绿化维护专项资金投入应能满足城市各类绿地的正常维护。

2. 释义

《国务院关于加强城市绿化建设的通知》中要求："城市绿化建设资金是城市公共财政支出的重要组成部分，要坚持以政府投入为主的方针。城市各级财政应安排必要的资金保证城市绿化工作的需要，尤其要加大城市绿化隔离林带和大型公园绿地建设的投入，特别是要增加管理维护资金。"

城市园林绿化维护专项资金是政府为保证城市园林绿化的日常维修养护，以及用于事业单位人员经费的各种支出。绿化维护专项资金是城市园林绿化的基本保障之一，目前国内许多城市园林绿化都存在"重建轻养"或维护资金不足的问题，直接影响了城市园林绿化的可持续发展。设置本项评价旨在促进各地对绿化维护、养护费用资金投入的保障。

3. 评价说明

这项评价主要是核查城市当年的园林绿化维护专项资金。通过与当年需由城市主管部门维护的绿地面积对比测算，核查是否满足需求。评价中，需要结合该地区社会经济水平，以较合理的绿地单位养护标准和绿地养护模式予以确定。

四、《城市绿地系统规划》编制

1. 评价要求

1)《城市绿地系统规划》应由具有相关规划资质的单位编制，经政府批准实施；

2)《城市绿地系统规划》应纳入《城市总体规划》并与之相协调；

3)当《城市绿地系统规划》的规划期限低于评价期，应视为没有满足本项评价。

2. 释义

《城市绿化条例》第八条要求"城市人民政府应当组织城市规划行政主管部门和城市绿化行政主管部门等共同编制城市绿化规划，并纳入城市总体规划。"

《城市绿地系统规划》是指导城市园林绿地管理与建设的法律性文件，对城市园林绿地建设非常重要。《城市绿地系统规划》是《城市总体规划》的下位规划，但一个好的城市绿地系统规划同样能对城市总体规划的诸多方面进行有益的导引和限定。本项评价内容所指《城市绿地系统规划》是按照相关要求和标准单独编制的专业规划，而非《城市总体规划》中的绿地系统专项。

《城市绿地系统规划》的规划期限低于评价期的设定，强调了绿地系统规划的时效性，如某城市的《城市绿地系统规划》规划期限到 2010 年，而评估期在 2011 年，就可以认为规划期限低于评估期。

3. 评价说明

需要核查《城市绿地系统规划》、《城市总体规划》和规划批复所规定的相应人民政府批复文件。《城市绿地系统规划》需要由具有相关资质的单位编制，应批复实施。《绿地系统规划》可能对上位的《城市总体规划》进行局部的修正和调整，但若出现与城市总体规划要求严重冲突的情况而又未有明确的理由和解释，应视为没有纳入城市总体规划。

五、城市绿线管理

1. 评价要求

应按要求划定绿线，绿线的管理和实施应符合《城市绿线管理办法》（建设部令第112号）和其他相关标准的规定。

2. 释义

城市绿线是城市各类绿地范围的控制线，包括现状绿线和规划绿线。现状绿线是一个保护线，现状绿线范围内不得进行非绿化建设或绿化受到破坏；规划绿线是一个控制线，规划绿线范围内将按照规划进行绿化建设或改造。《城市绿线管理办法》要求城市绿地系统规划应确定防护绿地、大型公园绿地等的绿线。绿线划定可依托城市总体规划、详细规划或城市绿地系统规划进行，也可独立成册。

城市绿线管理是《城市绿地系统规划》和绿地实施的基本保障。目前，随意侵占绿地、改变绿地属性的行为在城市建设中还较为常见，是各地园林管理部门在管理中需要面对的主要问题之一。加强绿线管理才能保证城市绿地具有合理的规模，保障人民的公众利益不受侵犯。

3. 评价说明

基础资料包括批复的绿线文本、图件和相关管理办法。绿线的实施管理主要考核绿线的公示和批复，以及在实际工作中是否存在更改绿地性质、非法占用绿地等事件的发生。

绿线考核需要进行实地抽查。

六、城市蓝线管理

1. 评价要求

应按要求划定蓝线，蓝线的管理和实施应符合《城市蓝线管理办法》（建设部令第145号）的规定。

2. 释义

城市蓝线是城市规划确定的江、河、湖、库、渠和湿地等城市地表水体保护和控制的地域界线。城市蓝线划定可依托城市总体规划、详细规划或城市水系规划进行，也可独立成册。

水体保护是城市生态环境和景观的重要组成。从调研情况来看，目前社会普遍对水害的防治认识到位，但对城市滨水空间的控制和利用情况却不甚理想，致使这些水体未充分发挥其应有的景观、生态和社会的综合效益。本项评价设置的目的在于促进对于城市地表水体和包括绿化在内的城市滨水空间的保护。

3. 评价说明

基础资料包括批复的蓝线文本、图件和相关管理办法。蓝线的实施管理主要考核蓝线的公示和批复，以及在实际工作中是否存在非法占用水体等事件的发生。

蓝线考核需实地进行抽查。

七、城市园林绿化制度建设

1. 评价要求

1）应制定城市园林绿化各项制度；

2）城市园林绿化制度应包括绿线管理、园林绿化工程管理、园林绿化养护管理、园林绿化公示制度以及控制大树移栽、防止外来物种入侵、义务植树等工程和技术管理制度。

2. 释义

本项评价主要考核城市园林绿化管理制度的建立与执行程度，以及园林绿化管理制度完善性。

3. 评价说明

文件资料包括地方法规、地方规章，城市人民政府和有关主管部门出台的规范性文件，以及地方技术标准和管理规定等。

八、城市园林绿化管理信息技术应用

1. 评价要求

应满足以下任意两项要求：

1）应建立城市园林绿化数字化信息库；

2）应建立城市园林绿化信息发布与社会服务信息共享平台；

3）应建立城市园林绿化信息化监管体系。

2. 释义

信息技术（Information Technology，简称 IT）是指利用电子计算机和现代通信手段获取、传递、存储、处理、显示信息和分配信息的技术，主要包括传感技术、计算机技术和通信技术。目前，信息技术已广泛应用于现代城市的各个领域，信息技术是管理实现自动、高效、规范和准确的重要依托，信息技术应用代表未来管理技术的发展方向。

住房和城乡建设部（原建设部）在 2001 年印发的《建设领域信息化工作基本要点》通知（建科〔2001〕31 号）中提出："办公自动化"、"建设各行业综合网（站）……提高为社会公众信息服务水平"、"积极推进信息发布平台建设，促进建设信息共享"、"建立行业权威数据库"等要求。

3. 评价说明

本项评价内容主要包括：一是建立城市园林绿化数字化信息库，如城市各类绿地分布、植物物种统计与分布等信息库；二是建立城市园林绿化信息发布与社会服务信息共享平台，包括园林绿化网站建设和其他网络服务平台等；三是建立城市园林绿化信息化监管体系，包括利用遥感或其他动态信息传递对城市各类绿地进行监管。达到其中两项要求，可认为满足本项评价。

相关文件和资料包括城市园林绿化数字化建设总体方案和实施情况说明。本指标核查需要对信息管理中心进行实地检查。

九、公众对城市园林绿化的满意率

1. 计算公式

公众对城市园林绿化的满意率按下式计算：

$$公众对城市园林绿化的满意率（\%）＝\frac{城市园林绿化满意度调查满意度总分（M）大于等于8的公众人数（人）}{城市园林绿化满意度调查被抽查公众的总人数（人）}×100\%$$

2. 评价要求

1）应按照表 2-1 进行满意度调查和满意度总分（M）计算；

2）被抽查的公众不应少于建成区城区人口的千分之一。

城市园林绿化满意度调查表 　　　　　　　　表 2-1

调查内容			评价取分标准					评价分值	权重
			9.0～10.0分	8.0～8.9分	7.0～7.9分	6.0～6.9分	小于6.0分		
1	绿地数量	您对本市绿地的面积和数量是否满意	满意	比较满意	一般	较不满意	不满意	M_1	0.25
2	绿地质量	您对本市绿地的景观效果是否满意	满意	比较满意	一般	较不满意	不满意	M_2	0.20
3	绿地使用	您对本市公园的服务设施是否满意	满意	比较满意	一般	较不满意	不满意	M_3	0.15
		您对本市公园到达的方便性是否满意	满意	比较满意	一般	较不满意	不满意	M_4	0.15
		您对本市公园的管理是否满意	满意	比较满意	一般	较不满意	不满意	M_5	0.15
4	环境质量	您对本市的空气质量是否满意	满意	比较满意	一般	较不满意	不满意	M_6	0.05
		您对本市的水体质量是否满意	满意	比较满意	一般	较不满意	不满意	M_7	0.05
5	满意度总分							M	1.00

注：$M = M_1×0.25 + M_2×0.20 + M_3×0.15 + M_4×0.15 + M_5×0.15 + M_6×0.05 + M_7×0.05$。

3. 释义

民意调查是政府决策的基础，是获取公众信息的重要手段。本项评价设置强调了园林绿化的公众性，评价采用抽查不少于城市人口的千分之一的公众进行调查。目前我国尚缺乏关于民意调查的标准，千分之一的公众人口要求是根据现行的一些民意调查方法和惯例而确定。满意度调查制定的统一问卷表格，保证了调查的公平性，调研表选项的设置充分考虑了简便、易懂的特点。

4. 评价说明

这里需要区分满意度和满意率。满意度主要指满意程度，而满意率是指满意的人群占调查人群的比率；满意度调查是满意率计算的基础。满意度的调查可采用多种渠道，只要是公开、公正、科学，调查人数满足标准要求，都作为评价指标。满意度调查时间应为三年内。

相关资料包括满意度调查的报告（调查时间、方法、统计表等）。

第二节　绿　地　建　设　评　价

一、建成区绿化覆盖率

1. 概念和计算公式

1) 建成区绿化覆盖率：城市建成区内植物的垂直投影面积占该用地面积的百分比。

2) 建成区绿化覆盖率计算公式：

$$建成区绿化覆盖率（\%）=\frac{建成区所有植被的垂直投影面积（km^2）}{建成区面积（km^2）}\times100\%$$

2. 评价要求

1) 所有植被的垂直投影面积应包括乔木、灌木、草坪等所有植被的垂直投影面积，还应包括屋顶绿化植物的垂直投影面积以及零星树木的垂直投影面积；

2) 乔木树冠下的灌木和草本植物不能重复计算。

3. 释义

在《国务院关于加强城市绿化建设的通知》以及相关城市园林绿化、生态环境的评价中，建成区绿化覆盖率均作为重要评价指标。现行行业标准《城市绿地分类标准》CJJ/T 85—2002 中 3.0.6 要求"城市绿化覆盖率应作为绿地建设的考核指标"。

4. 评价说明

明确几个概念：

规划区：《城乡规划法》第二条明确规定将建成区纳入到规划区，其阐述为："本法所称规划区，是指城市、镇和村庄的建成区以及因城乡建设和发展需要，必须实行规划控制的区域。规划区的具体范围由有关人民政府在组织编制的城市总体规划、镇总体规划、乡规划和村庄规划中，根据城乡经济社会发展水平和统筹城乡发展的需要划定。"

城市建成区：现行的国家标准《城市规划基本术语标准》GB/T 50280—98 的术语中解释为"城市行政区内实际已成片开发建设、市政公用设施和公共设施基本具备的地区"。

建成区范围：指建成区外轮廓线所能包括的地区，也就是城市实际建设用地所达到的范围。

绿化覆盖面积：指城市中乔木、灌木、草坪等所有植被的垂直投影面积，包括屋顶绿化植物的垂直投影面积以及零星树木的垂直投影面积，乔木树冠下的灌木和草本植物不能重复计算。

由于城市建成区是动态的，在现实工作中其边界的划定不易准确把握，因此要把握三个关键：一是要注意实际开发成片，且市政公用设施和公共设施基本具备；二是注意其范围应在城市规划区之内；三是具有历年发展的连续性。城市建成区范围内的各类绿地，均可计算绿化覆盖率。

基础资料包括城市各类绿地分类统计表（园林口径），城市建成区面积（规划口径）。统计数据以上报到地方和国家的城市建设统计年鉴指标为准，但最终指标以指定机构完成的遥感指标核查数据为准。

二、建成区绿地率

1. 概念和计算公式

1）建成区绿地率：城市建成区内各类绿地总面积占建成区面积的比率。

2）建成区绿地率计算公式：

$$建成区绿地率(\%) = \frac{建成区各类城市绿地面积(km^2)}{建成区面积(km^2)} \times 100\%$$

2. 评价要求

1）历史文化街区面积超过建成区面积50%以上的城市，评价时绿地率评价标准可下调2个百分点；

2）纳入绿地率统计的"其他绿地"应在城市建成区内并且与城市建设用地毗邻；

3）纳入绿地率统计的"其他绿地"的面积不应超过建设用地内各类城市绿地总面积的20%；

4）建设用地外的河流、湖泊等水体面积不应计入绿地面积。

3. 释义

建成区绿地率是考核城市园林绿地规划控制水平的重要指标。在《国务院关于加强城市绿化建设的通知》以及相关城市园林绿化、生态环境的评价中，建成区绿地率均作为重要评价指标。

4. 评价说明

城市绿地包括公园绿地、附属绿地、防护绿地、生产绿地、其他绿地五大类，其中前四类应在建设用地内，其他绿地不属于建设用地。

凡在城市建成区范围内的公园绿地、附属绿地、防护绿地、生产绿地均应计算在建成区城市绿地面积内。考虑到一些山地城市利用坡度较大的非建设山头发展游憩绿地，一些城市建成区内存在具有城市公园功能管理的城市风景名胜区，一些城市具有休憩活动设施和功能的过境河流保护绿带等，这些在城市建成区内或城市中心的其他绿地，可部分计入建成区绿地指标。本标准可纳入统计的"其他绿地"面积不能超过建设用地内四类城市绿地总面积的20%。

基础资料包括城市各类绿地分类统计表（园林口径），城市建成区面积（规划口径）。如果有纳入统计的其他绿地，应就此位置、建设时间以及主要情况加以说明。统计数据以上报到地方和国家的城市建设统计年鉴指标为准，但最终指标以指定机构完成的遥感指标核查数据为准。涉及其他绿地计算在内的城市，遥感统计需要现场核查。

三、城市人均公园绿地面积

1. 计算公式

城市人均公园绿地面积按下式计算：

$$城市人均公园绿地面积（m^2/人）= \frac{公园绿地面积（m^2）}{建成区内的城区人口数量（人）}$$

2. 评价要求

1）建成区内历史文化街区面积占建成区面积 50% 以上的城市，评价时人均公园绿地面积标准可下调 0.5m²/人；

2）公园绿地中被纳入建设用地的水面面积应计入公园绿地面积统计；

3）建设用地外的河流、湖泊不应计入公园绿地面积。

3. 释义

城市人均公园绿地面积是考核城市发展规模与公园绿地建设是否配套的重要指标。在《国务院关于加强城市绿化建设的通知》以及相关城市园林绿化、生态环境的评价中，人均公园绿地均作为重要评价指标。

4. 评价说明

基础资料包括城市公园绿地分类统计表（园林口径），建成区内的户籍人口和暂住人口（公安口径）。

1）公园绿地

公园绿地的统计方式应以现行行业标准《城市绿地分类标准》CJJ/T 85—2002 为主要依据，不得超出该标准中公园绿地的范畴，不得将建设用地之外的绿地纳入公园绿地面积统计。一些城市利用河滩地、山地进行开发建设，确实起到了部分公园绿地的作用，但若纳入公园绿地统计可能造成公园绿地用地的边缘化，削弱了园林绿地在城市中的功能作用。

关于水面，本标准明确规定：公园绿地中纳入到城市建设用地内的水面计入公园绿地统计，未纳入城市建设用地的水面不应计入公园绿地统计。

2）建成区内的城区人口

人均公园绿地的人口统计为城区户籍人口和城区暂住人口之和，即城区的常住人口。

城区人口指城区范围的人口，这里的城区指：①街道办事处管辖的地域；②城市公共设施、居住设施和市政公用设施等连接到的其他镇（乡）地域；③常住人口在 3000 人以上独立的矿区、开发区、科研单位、大专院校等特殊区域。城区暂住人口指城区内离开常住户口地，到本市居住一年以上的人员。

建成区内的城区人口统计：对于不在建成区范围内的街道办事处和工矿企业等特殊区域人口不纳入本项评价内容人口统计，对于跨越建成区的街道办事处管辖地域的人口应纳入本项评价内容的人口统计。

四、建成区绿化覆盖面积中乔、灌木所占比率

1. 计算公式

建成区绿化覆盖面积中乔、灌木所占比率按下式计算：

$$建成区绿化覆盖面积中乔、灌木所占比率（\%）= \frac{建成区乔、灌木的垂直投影面积（hm^2）}{建成区所有植被的垂直投影面积（hm^2）} \times 100\%$$

2. 评价要求

1）所有植被的垂直投影面积应包括乔木、灌木、草坪等所有植被的垂直投影面积，

还应包括屋顶绿化植物的垂直投影面积以及零星树木的垂直投影面积；

2）乔木树冠下的灌木和草本植物不能重复计算；

3）对于处于高原高寒植被区域的城市，本项评价无论数值多少均可视为满足评价要求。

3. 释义

城市园林绿地中应提倡植物种类和配置层次丰富，这是体现绿地生态价值和构建节约型园林的重要内容。本项评价目的是控制园林绿地中单纯草坪的种植比例，引导和推动城市园林绿地植物多样性栽植，以提高单位面积绿地的生态功能。据研究，绿地中保持乔灌木覆盖率不低于70%，有利于发挥绿地更高的生态作用。

4. 评价说明

本指标数据具有较大的动态性。在实际管理工作中，应提倡和大力推广城市绿地中乔灌木种植量的提高，评价核查以遥感统计为准。

处于高原高寒植被区域的城市，如处于青藏高原的城市，因其特殊的自然条件，植物立地条件较为特殊，故本项评价内容无论数值多少均可视为满足要求。

五、城市各城区绿地率最低值

1. 计算公式

城市各城区绿地率最低值中城市各城区绿地率按下式计算：

$$城市各城区绿地率（\%）= \frac{城市各城区的建成区各类城市绿地面积（km^2）}{城市各城区的建成区面积（km^2）} \times 100\%$$

2. 评价要求

1）未设区城市应按建成区绿地率进行评价；

2）历史文化街区可不计入各城区面积和各城区绿地面积统计范围；

3）历史文化街区面积超过所在城区面积50%以上的城区可不纳入城市各城区绿地率最低值评价。

3. 释义

城市内部绿地分布不均是目前大多数城市普遍存在的现实问题，尽管很多城市绿地总量达到较高的水平，但就某些城市区域而言，其绿化状况却不尽人意，而这些城市区域又恰恰是人口稠密、建筑密集的老城区或中心城区，绿地需求量大。无论是从改善城市生态环境角度，还是从提供居民游憩场所角度，该地区只有保证一定的绿地面积，才能真正发挥绿地的综合功能。基于上述目的设置了本项评价内容。

4. 评价说明

基础资料包括近期城市行政区划图，城市各城区绿地分类统计表（园林口径），城市各城区的建成区面积（规划口径）。指标以指定机构完成的遥感指标核查数据为准。

六、城市各城区人均公园绿地面积最低值

1. 计算公式

城市各城区人均公园绿地面积最低值中城市各城区人均公园绿地面积按下式计算：

$$城市各城区人均公园绿地面积（m^2／人）= \frac{城市各城区公园绿地面积（m^2）}{城市各城区建成内的城区人口数量（人）}$$

2. 评价要求

1）未设区城市应按城市人均公园绿地面积评价；

2）历史文化街区面积超过所在城区面积50％以上的城区可不纳入城市各城区人均公园绿地面积最低值评价。

3. 释义

评价设置意义同上。

4. 评价说明

基础资料包括各城区人均公园绿地统计表（园林口径），城市各城区建成区内的城区人口数（公安口径）。

七、公园绿地服务半径覆盖率

1. 计算公式

公园绿地服务半径覆盖率按下式计算：

$$公园绿地服务半径覆盖率（\%）=\frac{公园绿地服务半径覆盖的居住用地面积（hm^2）}{居住用地总面积（hm^2）}\times100\%$$

2. 评价要求

1）公园绿地服务半径应以公园各边界起算；

2）建成区内的非历史文化街区范围应采用大于等于5000m²的城市公园绿地按照500m的服务半径覆盖居住用地面积的百分比进行评价；

3）建成区内的历史文化街区范围应采用大于等于1000m²的城市公园绿地按照300m的服务半径覆盖居住用地面积的百分比进行评价。

3. 释义

公园绿地为城市居民提供方便、安全、舒适、优美的休闲游憩环境，居民利用的公平性和可达性是评价公园绿地布局是否合理的重要内容，因此，公园绿地的布局应尽可能实现居住用地范围内500m服务半径的全覆盖。

本项评价内容的确定主要依据：（1）我国各地公园绿地建设的实践和国内外相关理论表明，居民步行至公园绿地的距离不超过500m是符合方便性和可达性原则的。（2）2006年住房和城乡建设部修订的《国家园林城市评价标准》中有"城市公共绿地布局合理，分布均匀，服务半径达到500m（1000m²以上公共绿地）的要求"。

标准中公园绿地的内涵与现行行业标准《城市绿地分类标准》CJJ/T 85—2002中的公园绿地相一致，其中社区公园含居住区公园和小区游园。小区游园按照现行行业标准《公园设计规范》CJJ 48—92第2.2.9条要求，其面积不小于0.5hm²。考虑到500m服务半径可能的居民人口数量，本标准要求将公园绿地的最小规模设在5000m²。对于城市中已被确定为历史文化街区的区域，考虑到该类地段是以保护原有历史风貌为重点，而绿地建设是在不破坏原有城市肌理的基础上进行，其表现特征为小型而分散，因此，针对该类地区，绿地规模可下调至1000m²，服务半径可缩小至300m。

4. 评价说明

纳入统计的公园绿地必须大于5000m²，属于小区游园级别，居住用地中的居住区游园也应计算在内。本指标评价以居住用地集中的区域为主，评价考核以遥感统计为准。

基础资料包括现状公园绿地分布和服务半径（园林口径），居住用地分布图（规划口径）。

八、万人拥有综合公园指数

1. 计算公式

万人拥有综合公园指数按下式计算：

$$万人拥有综合公园指数 = \frac{综合公园总数（个）}{建成区内的城区人口数量（万人）}$$

2. 评价要求

1）纳入统计的综合公园应符合现行行业标准《城市绿地分类标准》CJJ/T 85—2002中2.0.4的规定；

2）人口数量统计应与城市人均公园绿地面积的人口数量统计一致。

3. 释义

在2006年建设部修订的《国家园林城市评价标准》中提出："近三年，大城市新建综合性公园或植物园不少于3处，中小城市不少于1处。"

从生态功能和使用功能来讲，绿地只有达到一定的面积才能发挥其应有的作用，特别是在满足城市居民综合游憩和缓解城市热岛效应等方面，综合公园发挥了不可替代的作用。

4. 评价说明

按照现行行业标准《公园设计规范》CJJ 48—92第2.2.2条的要求："综合性公园的内容应包括多种文化娱乐设施、儿童游戏场和安静休憩区……全园面积不宜小于10hm²。"因此，拥有一定面积，设施功能完善，管理界线明确且在园内设有管理机构的公园绿地，才能成为综合公园。

基础资料包括综合性公园名称、位置、面积统计表（园林口径），建成区内城区人口数（公安口径）。

九、城市道路绿化普及率

1. 计算公式

城市道路绿化普及率按下式计算：

$$城市道路绿化普及率（\%） = \frac{道路两旁种植有行道树的城市道路长度（km）}{城市道路总长度（km）} \times 100\%$$

2. 评价要求

1）道路红线外的行道树不应计入统计；

2）历史文化街区内的道路可不计入统计。

3. 释义

城市道路绿化是城市绿色网络空间的骨架，对城市空间形态组织、城市空气环境质量和噪声控制以及城市景观特征塑造等方面起到重要作用。城市道路绿化普及率是对道路绿化绿量的考察内容。在调研过程中发现，一些城市重视发展宽阔的城市道路，而忽视道路绿化带的设置和乔木的种植，造成道路噪声污染严重、遮阳能力以及景观效果差等问题产生。本项评价重点考核道路红线内的行道树的种植情况。

4. 评价说明

基础资料包括城市道路名称、长度（其中有行道树长度）统计表（市政口径）。本指标考核需实地抽查。

十、城市新建、改建居住区绿地达标率

1. 计算公式

城市新建、改建居住区绿地达标率按下式计算：

$$城市新建、改建居住区绿地达标率(\%) = \frac{绿地达标的城市新建、改建居住区面积(hm^2)}{城市新建、改建居住区总面积(hm^2)} \times 100\%$$

2. 评价要求

纳入绿地达标统计的新建、改建居住区应符合现行国家标准《城市居住区规划设计规范》GB 50180—93 中 7.0.2.3 绿地率的规定。

3. 释义

居住区绿地与居民生活关系紧密，居住区绿地率是衡量与考核居住区环境整体水平的重要指标。但国内许多城市 2000 年以前基本没有居住区绿地方面的档案。建设部在 2002 年对《城市居住区规划设计规范》GB 50180—93 进行了局部修订，加入了强制性条文，包括对绿地率的控制，所以各城市才将居住区绿地指标纳入严格管理，并建立了相应的统计指标档案。本标准结合实际，将新建、改建居住区在时间上的界定是 2002 年（含 2002 年）以后建成或改造的居住区（小区）。评价内容设置也依据《城市居住区规划设计规范》绿地率规定："新区建设不应低于 30%；旧区改建不宜低于 25%。"

4. 评价说明

基础资料包括城市新建、改建居住区（其中绿地达标的）的名称、建设年代，居住区面积和绿地面积统计表。本指标考核需实地抽查。

十一、城市公共设施绿地达标率

1. 计算公式

城市公共设施绿地达标率按下式计算：

$$城市公共设施绿地达标率(\%) = \frac{绿地达标的城市公共设施用地面积(hm^2)}{城市公共设施用地总面积(hm^2)} \times 100\%$$

2. 评价要求

纳入绿地达标统计的公共设施用地应符合本市《城市绿地系统规划》中关于公共设施用地绿地率的规定。

3. 释义

附属绿地由于分布面广，其绿化质量和分布情况直接影响着城市园林绿化的水平。评价标准中在对分布面积最广的居住区绿地、道路绿地设定了相关标准进行评价的同时，重点对与城市居民联系紧密的城市公共设施用地的绿化建设水平进行评价。对于公共设施绿地的解释见现行行业标准《城市绿地分类标准》CJJ/T 85—2002 中表 2.0.4 的 G42 类别，公共设施用地的界定依据现行国家标准《城市用地分类与规划建设用地标准》GBJ

137—90。

本项评价考核主要依据《城市绿地系统规划》中对公共设施用地绿地率的要求。

4. 评价说明

基础资料包括城市各类公共设施用地名称、位置、面积和其绿地面积统计表，达标情况说明。本指标考核需实地抽查。

十二、城市防护绿地实施率

1. 计算公式

城市防护绿地实施率按下式计算：

$$城市防护绿地实施率(\%) = \frac{已建成的城市防护绿地面积(hm^2)}{城市防护绿地规划总面积(hm^2)} \times 100\%$$

2. 评价要求

1）防护绿地规划总面积应包括《城市绿地系统规划》规划的现状建成区内的防护绿地面积；

2）已建成防护绿地面积应以现状建成区内的防护绿地面积为准。

3. 释义

防护绿地是指为了满足城市对卫生、隔离、安全要求而设置的绿地，包括卫生隔离带、道路防护绿地、城市高压走廊绿带、防风林、城市组团隔离带等。防护绿地对城市灾害的隔离、城市环境的改善、城市污染的降低都具有十分重要的意义。

因各城市防护绿地的布局和数量视各城市的城市格局、产业结构的不同而不尽相同，所以本项评价主要考核规划防护绿地的实施情况。

4. 评价说明

指标统计的防护绿地，无论已建成或规划的，均应位于当年划定的城市建成区内。

基础资料包括城市建成区范围，城市绿地系统规划的防护绿地名称、位置、面积，实施情况与实施年限。本指标考核需实地抽查。

十三、生产绿地占建成区面积比率

1. 计算公式

生产绿地占建成区面积比率按下式计算：

$$生产绿地占建成区面积比率(\%) = \frac{生产绿地面积(hm^2)}{建成区面积(hm^2)} \times 100\%$$

2. 评价要求

在建成区之外但在城市规划区之内的生产绿地可纳入生产绿地的面积统计。

3. 释义

由于生产绿地担负着为城市绿化工程供应苗木、草坪及花卉植物等方面的生产任务，同时承担着为城市引种、驯化植物等科技任务，因此，保证一定规模的生产绿地对城市园林绿化具有积极的意义。建设部在《城市绿化规划指标的规定》（建城［2002］文件）中要求，城市生产绿地面积应占建成区面积的2％以上。

4. 评价说明

本标准中生产绿地指位于城市规划区内，以向城市提供苗木、花草、种子的各类圃地，但其他季节性或临时苗圃、从事苗木生产的农田、单位内附属的苗圃等则不计入。需要说明的是，建成区外的生产绿地不可纳入建成区绿地率的统计。

基础资料包括现状生产绿地名称、位置、面积、管理机构（园林口径），城市建成区面积（规划口径）。本指标考核需实地抽查。

十四、城市道路绿地达标率

1. 计算公式

城市道路绿地达标率按下式计算：

$$城市道路绿地达标率(\%) = \frac{绿地达标的城市道路长度(km)}{城市道路总长度(km)} \times 100\%$$

2. 评价要求

1）纳入绿地达标统计的城市道路应符合现行行业标准《城市道路绿化规划与设计规范》CJJ 75—97 中 3.1.2 道路绿地率的规定；

2）道路红线宽度小于 12m 的城市道路（支路）和历史文化街区的道路可不计入评价统计。

3. 释义

本项评价内容设置主要依据现行行业标准《城市道路绿化规划与设计规范》CJJ 75—97 中 3.1.2 的相关内容，即道路绿地率应符合：

园林景观路：绿地率不得小于 40%；

红线宽度大于 50m 的道路：绿地率不得小于 30%；

红线宽度在 40～50m 的道路：绿地率不得小于 25%；

红线宽度小于 40m 的道路：绿地率不得小于 20% 为达标。

广场绿化应符合现行行业标准《城市道路绿化规划与设计规范》CJJ 75—97 中 5.2 的相关规定。

考虑到数据统计的难度和一些特殊地段的特殊要求，道路红线宽度小于 12m 的城市道路（支路）和历史传统街区，不在评价范围之内。

4. 评价说明

道路绿地率中的行道树绿地面积应按照单排 1.5m 的宽度乘以连续的行道树种植长度计算。

基础资料包括现状城市道路总长度（市政口径），绿地达标的道路名称、长度、绿地率（园林口径）。本指标考核需实地抽查。

十五、大于 40hm² 的植物园数量

1. 评价要求

纳入统计的植物园应符合现行行业标准《城市绿地分类标准》CJJ/T 85—2002 中 2.0.4 的规定。

2. 释义

在 2006 年建设部修订的《国家园林城市标准》中要求："近三年，大城市新建综合性

公园或植物园不少于 3 处，中小城市不少于 1 处。"

本项评价设置目的在于鼓励发挥植物园在科普、教育、宣传和植物物种多样性保护方面的作用。现行行业标准《公园设计规范》CJJ 48—92 中规定："植物园应创造适于多种植物生长的立地环境，应有体现本园特点的科普展览区和相应的科研实验区。全园面积宜大于 40hm^2。"

3. 评价说明

基础资料：现状植物园名称、建设时间、面积统计表（园林口径）。

十六、林荫停车场推广率

1. 概念和计算公式

1）林荫停车场：停车位间种植有乔木或通过其他永久式绿化方式进行遮阳，满足绿化遮阳面积大于等于停车场面积 30% 的停车场。

2）林荫停车场推广率按下式计算：

$$林荫停车场推广率（\%）= \frac{林荫停车场面积（m^2）}{停车场总面积（m^2）} \times 100\%$$

2. 评价要求

1）纳入统计的停车场应包括社会停车场库用地内的机动车公共停车场；

2）室内停车场、地下停车场、机械式停车场不应计入统计。

3. 释义

随着社会经济的发展，城市停车场面积占城市室外硬地面积的比率越来越大，所以推广绿化停车场对于改善城市环境具有重要意义。

本项评价内容设置依据建设部《关于建设节约型城市园林绿化的意见》（建城 [2007] 215 号）中关于"建设生态化广场和停车场"的意见，旨在鼓励对城市硬质地面条件进行改善，提倡绿化美化。

4. 评价说明

本指标考核的是城市公共停车场的林荫推广率，单位居住区等附属停车场不纳入统计。

基础资料：城市总体规划确定的社会公共停车场名称、位置、面积和林荫停车场实施情况统计表。本指标考核需实地抽查。

十七、河道绿化普及率

1. 计算公式

河道绿化普及率按下式计算：

$$河道绿化普及率（\%）= \frac{单侧绿地宽度大于等于 12m 的河道滨河绿带长度（km）}{河道岸线总长度（km）} \times 100\%$$

2. 评价要求

1）纳入统计的河道应包括城市建成区范围内或与之毗邻、在《城市总体规划》中被列入 E 水域的河道；

2）滨河绿带长度应为河道堤岸两侧绿带的总长度，河道岸线长度应为河道两侧岸线的总长度；

    3）宽度小于 12m 的河道和具有地方传统特色的水巷可不计入评价；

    4）因自然因素造成河道两侧地形坡度大于 33％的河道可不计入评价。

3. 释义

本项评价内容设置目的在于保证河道具有一定规模的生态涵养林带、促进城市生活型滨水绿地的构筑。

根据相关规划规范要求，宽度 8m 的绿地是可作为开放性绿地、布置相关设施的最小值。另据相关研究表明，宽度 7～12m 是可能形成生态廊道效应的阈值，所以宽度 12m 是较为适合的开放型绿地的宽度下限。

4. 评价说明

基础资料包括河道名称、位置、河道功能、长度，以及单侧绿地宽度大于等于 12m 的滨河绿带名称、位置、长度统计表（园林口径）。自然形成两岸陡崖、绝壁或两侧坡度大于 33％的河道不适宜做绿化，在统计中特别注明，不纳入计算。本指标考核需实地抽查。

十八、受损弃置地生态与景观恢复率

1. 概念和计算公式

1）受损弃置地：因生产活动或自然灾害等原因造成自然地形和植物受到破坏，并且废弃或不能使用的宕口、露天采用地、窑坑、塌陷地等。

2）受损弃置地生态与景观恢复率计算公式：

$$受损弃置地生态与景观恢复率（\％）= \frac{经过生态与景观恢复的受损弃置地面积（hm^2）}{受损弃置地总面积（hm^2）} \times 100\％$$

2. 评价要求

纳入统计的受损弃置地范围应符合现行国家标准《城市用地分类与规划建设用地标准》GBJ 137—90 中 E 类的范围规定。

3. 释义

本项评价设置对促进自然资源遭受破坏的城市的生态修复具有重要意义。受损弃置地建设除了应进行生态恢复外，还可以在一些地段，利用弃置地的条件采用一些景观处理方法，如一些城市利用露天工业遗址建设为特色公园或特色景区等。

4. 评价说明

基础资料包括受损弃置地名称、位置、面积和生态与景观恢复情况统计表。本指标考核需实地抽查。

第三节　建设管控评价

建设管控评价主要评价城市绿地的质量，包括：城市园林绿化在城市中的地位和作用；公园绿地评价；道路绿化评价；资源保护、规范管理以及新技术应用等方面。

一、城市园林绿化综合评价值

1. 计算公式

城市园林绿化综合评价值按下式计算：

$$E_综 = E_{综1} \times 0.3 + E_{综2} \times 0.3 + E_{综3} \times 0.2 + E_{综4} \times 0.2$$

式中：$E_综$——城市园林绿化综合评价值；

　　　$E_{综1}$——城市绿地格局的环境价值评价分值；

　　　$E_{综2}$——对城市自然资源的保护和合理利用程度评价分值；

　　　$E_{综3}$——对于城市风貌形成的作用评价分值；

　　　$E_{综4}$——在城市功能定位中的地位和作用评价分值。

2. 评价要求

应依据表 2-2 进行评价：

城市园林绿化综合评价值评价表　　　　　　　　表 2-2

评价内容		评价取分标准					评价分值	权重
		9.0～10.0分	8.0～8.9分	7.0～7.9分	6.0～6.9分	小于6.0分		
1	城市绿地格局的环境价值	主要评价城市园林绿地系统对城市综合环境的改善作用	高	较高	一般	较低	低	$E_{综1}$	0.30
2	对城市自然资源的保护和合理利用程度	主要评价城市园林绿地建设对于城市河流、湖泊、沼泽、林地、山地等自然资源的保护和合理利用	好	较好	一般	较差	差	$E_{综2}$	0.30
3	对于城市风貌形成的作用	主要评价城市园林绿地在城市风貌特色组成中的作用	高	较高	一般	较低	低	$E_{综3}$	0.20
4	在城市功能定位中的地位和作用	主要评价城市园林绿地对城市性质与产业功能所产生的影响	高	较高	一般	较低	低	$E_{综4}$	0.20

3. 释义

城市园林绿化在城市中的地位和作用是评价一个城市园林绿地系统和绿化水平的重要指标，包括以下几个部分：

1）城市绿地格局对城市环境的影响，包括是否有利于缓解城市空气的污染、是否有利于城市组团的形成或起到防止城市建成区无序扩大的作用；

2）园林绿化对城市自然资源的保护和合理利用程度，包括对于城市河流、湖泊、沼泽、林地、山地等自然资源的保护和合理利用，与建设管控中的"其他绿地"控制比较，这里更强调了合理利用；

3）城市园林绿化对于城市风貌形成的作用，主要评价具有代表性的城市风貌中城市园林绿地所起的作用；

4）在城市功能性质定位中的地位和作用。城市园林绿地建设对城市的旅游发展、城市宜居水平和生态水平均能发挥重要作用。

4. 评价说明

基础资料：第三方机构或专家组报告（含评价时间、人数构成、评价数据）。本指标数据最终由评价专家组实地踏查后评价确定。

二、城市公园绿地功能性评价值

1. 计算公式

城市公园绿地功能性评价值应按下式计算：

$$E_功 = E_{功1} \times 0.20 + E_{功2} \times 0.20 + E_{功3} \times 0.15 + E_{功4} \times 0.15 + E_{功5} \times 0.15 + E_{功6} \times 0.15$$

式中：$E_功$——城市公园绿地功能性评价值；

$E_{功1}$——使用性评价分值；

$E_{功2}$——服务性评价分值；

$E_{功3}$——适用性评价分值；

$E_{功4}$——可达性评价分值；

$E_{功5}$——开放性评价分值；

$E_{功6}$——安全性评价分值。

2. 评价要求

应依据表 2-3 进行评价：

城市公园绿地功能性评价值评价表　　　　表 2-3

	评价内容		评价取分标准					评价分值	权重
			9.0～10.0分	8.0～8.9分	7.0～7.9分	6.0～6.9分	小于6.0分		
1	使用性	主要评价城市居民对公园绿地、城市广场的使用程度	好	较好	一般	较差	差	$E_{功1}$	0.20
2	服务性	主要评价城市公园绿地内各项服务设施的完备，游览道路组织的合理性和实施无障碍设计等	好	较好	一般	较差	差	$E_{功2}$	0.20
3	适用性	主要评价城市公园绿地的营造是否考虑了城市气候、地形、地貌、土壤等自然特点	好	较好	一般	较差	差	$E_{功1}$	0.15
4	可达性	主要评价城市公园绿地是否方便城市居民到达和进出	好	较好	一般	较差	差	$E_{功3}$	0.15
5	开放性	主要评价城市公园绿地对于城市居民的开放程度	好	较好	一般	较差	差	$E_{功4}$	0.15
6	安全性	主要评价公园绿地在管理、监控和大型活动组织等方面对于可能产生的安全问题的防范能力	好	较好	一般	较差	差	$E_{功5}$	0.15

3. 释义

本项评价包括使用性、服务性、适用性、可达性、开放性和安全性六方面评价。

使用性主要评价：城市居民对公园绿地、城市广场的使用程度，主要评价平时和节假日时游客人数是否与公园绿地的面积容量相符合；

服务性主要评价：城市综合性公园内各项服务设施的完备，包括依据现行行业标准《公园设计规范》CJJ 48—92 中关于公园内部常规活动设施和功能区安排以及其他便民物品设置安排等，以及公园绿地的主要游路是否实施无障碍设计等；

适用性主要评价：城市各类绿地的营造是否考虑了城市气候、地形、地貌、土壤等自然特点；

可达性主要评价：城市公园绿地，包括出入口位置、公交线路安排和游览道路的组织是否方便城市居民到达和进出；

开放性主要评价：城市公园绿地对于城市居民的开放程度，主要包括是否对全体市民开放、门票收取是否符合公益性的特点等；

安全性主要评价：公园绿地对游客安全和其他公共安全的保障。

4. 评价说明

基础资料：第三方机构或专家组报告（含评价时间、人数构成、评价数据）。本指标数据最终由评价专家组实地踏查后评价确定。

三、城市公园绿地景观性评价值

1. 计算公式

城市公园绿地景观性评价值按下式计算：

$$E_{景} = E_{景1} \times 0.25 + E_{景2} \times 0.25 + E_{景3} \times 0.25 + E_{景4} \times 0.25$$

式中：$E_{景}$——城市公园绿地景观性评价值；

$E_{景1}$——景观特色评价分值；

$E_{景2}$——施工工艺评价分值；

$E_{景3}$——养护管理评价分值；

$E_{景4}$——植物材料应用评价分值。

2. 评价要求

应依据表 2-4 进行评价：

城市公园绿地景观性评价值评价表　　　　　　　　表 2-4

评价内容		评价取分标准					评价分值	权重
		9.0～10.0 分	8.0～8.9 分	7.0～7.9 分	6.0～6.9 分	小于6.0 分		
1	景观特色	主要评价城市公园绿地设计理念、表现形式、艺术价值、材料和技术应用水平，以及城市公园绿地营造对于地方风貌特色的反映	好	较好	一般	较差	差	$E_{景1}$	0.25
2	施工工艺	主要评价城市公园绿地施工质量和工艺水平	好	较好	一般	较差	差	$E_{景2}$	0.25
3	养护管理	主要评价城市公园绿地的养护标准和养护水平	好	较好	一般	较差	差	$E_{景3}$	0.25
4	植物材料应用	主要评价城市公园绿地植物配置层次、植物材料的多样性和适用性	好	较好	一般	较差	差	$E_{景4}$	0.25

3. 释义

公园绿地的景观价值是评价园林绿化水平最直观的一项内容，也是城市园林绿化的突出特色。

本项评价从景观特色、施工工艺、养护管理、植物材料应用等四个方面进行评价。一个好的城市园林绿化景观应具有鲜明的特色、较强的艺术表达力，较高的施工工艺和养护水平，植物配置合理、层次丰富，植物品种选择多样又适应本地自然环境。

4. 评价说明

基础资料：第三方机构或专家组报告（含评价时间、人数构成、评价数据）。本指标数据最终由评价专家组实地踏查后评价确定。

四、城市公园绿地文化性评价值

1. 计算公式

城市公园绿地文化性评价值应按下式计算：

$$E_\text{文} = E_{\text{文}1} \times 0.50 + E_{\text{文}2} \times 0.50$$

式中：$E_\text{文}$——城市公园绿地文化性评价值；

$E_{\text{文}1}$——文化的保护评价分值；

$E_{\text{文}2}$——文化的继承评价分值。

2. 评价要求

1）本评价应用于历史文化名城的评价，非历史文化名城无论评价值多少均可视为满足要求；

2）应依据表 2-5 进行评价：

城市公园绿地文化性评价值评价表　　　　表 2-5

评价内容		评价取分标准					评价分值	权重
		9.0～10.0分	8.0～8.9分	7.0～7.9分	6.0～6.9分	小于6.0分		
1	文化的保护	主要评价城市公园绿地营造对于地方历史文化遗产、遗存遗迹的保护与展示的水平	好	较好	一般	较差	差	$E_{\text{文}1}$	0.50
2	文化的继承	主要评价城市公园绿地营造对于地方文化的宣传与展示的水平	好	较好	一般	较差	差	$E_{\text{文}2}$	0.50

3. 释义

公园绿地的文化属性是园林绿化区别于造林的重要方面，也是中国传统园林的精髓所在，园林绿化的文化价值是评价园林绿化水平的重要指标。

本项评价内容所指文化价值包括两方面：

1）对文化物质的保护，主要评价城市园林绿地营造对于地方历史文化遗产、遗存遗迹的保护与展示的水平。重点评价遗址公园、历史文化公园等建设。

2）对文化非物质的继承，主要评价城市园林绿地营造中地方文化和特色文化的宣传与展示的水平。

4. 评价说明

基础资料：第三方机构或专家组报告（含评价时间、人数构成、评价数据）。本指标数据最终由评价专家组实地踏查后评价确定。

为避免绿地建设中为"文化"而创造"文化"的情况，本项评价只对具有"历史文化名城"称号的城市进行，对非历史文化名城，本项指标视为自动满足。

五、城市道路绿化评价值

1. 计算公式

城市道路绿化评价值按下式计算：

$$E_{道} = E_{道1} \times 0.40 + E_{道2} \times 0.40 + E_{道3} \times 0.20$$

式中：$E_{道}$——城市道路绿化评价值；

$E_{道1}$——植物材料应用评价分值；

$E_{道2}$——养护管理评价分值；

$E_{道3}$——景观特色评价分值。

2. 评价要求

应依据表 2-6 进行评价：

城市道路绿化评价值评价表　　　　　　表 2-6

	评价内容		评价取分标准					评价分值	权重
			9.0～10.0分	8.0～8.9分	7.0～7.9分	6.0～6.9分	小于6.0分		
1	植物材料应用	主要评价城市道路绿化植物的适用性、丰富性和配置的合理性	好	较好	一般	较差	差	$E_{道1}$	0.40
2	养护管理	主要评价道路绿地植物养护标准和养护水平	好	较好	一般	较差	差	$E_{道2}$	0.40
3	景观特色	主要评价城市道路绿地营造对于城市街区的识别，城市出入市口和道路的绿化景观要素是否清晰可辨，给人印象是否深刻	好	较好	一般	较差	差	$E_{道3}$	0.20

3. 释义

城市道路绿化是一个城市园林绿化形象和水平最直接的表现。道路绿化评价主要针对道路绿化的植物选择、配置效果和养护管理水平等。

4. 评价说明

基础资料：第三方机构或专家组报告（含评价时间、人数构成、评价数据）。本指标数据最终由评价专家组实地踏查后评价确定。

六、公园管理规范化率

1. 计算公式

公园管理规范化率按下式计算：

$$公园管理规范化率(\%) = \frac{规范管理的公园数量(个)}{公园总数量(个)} \times 100\%$$

2. 评价要求

纳入管理规范化统计的公园应符合相关公园管理条例和办法的规定。

3. 释义

实现公园管理的规范化是体现公园公益性和服务性的重要标志。本项评价内容主要评价公园管理中对相关公园管理条例和办法的执行情况。

4. 评价说明

基础资料包括城市公园名称、位置、建设时间、面积、特色，管理机构和管理情况说明。本指标考核需实地抽查。

七、古树名木保护率

1. 计算公式

古树名木保护率按下式计算：

$$古树名木保护率(\%) = \frac{建档并存活的古树名木数量(株)}{古树名木总数量(株)} \times 100\%$$

2. 评价要求

纳入建档并存活统计的古树名木应符合《城市古树名木保护管理办法》（建城〔2000〕192号）的规定。

3. 释义

古树名木是城市历史的记载，是绿色文物、活的化石。《城市绿化条例》第二十五条要求"对城市古树名木实行统一管理，分别养护。城市人民政府城市绿化行政主管部门，应当建立古树名木的档案和标志，划定保护范围，加强养护管理。"住房和城乡建设部（原建设部）2000年发布了《城市古树名木保护管理办法》（建城〔2000〕192号），对于古树名木建档进行了严格要求。

4. 评价说明

基础资料包括古树名木名称、位置、种植时间、管理机构、长势状况（复壮说明）、管理方式及建档挂牌时间。本指标考核需实地抽查。

八、节约型绿地建设率

1. 概念和计算公式

1）节约型绿地：依据自然和社会资源循环与合理利用的原则进行规划设计和建设管理，具有较高的资源使用效率和较少的资源消耗的绿地。

2）节约型绿地建设率计算公式：

$$节约型绿地建设率(\%) = \frac{应用节约型园林技术的公园绿地和道路绿地面积之和(hm^2)}{公园绿地和道路绿地总面积(hm^2)} \times 100\%$$

2. 评价要求

公园绿地、道路绿地中采用以下技术之一，并达到相关标准的均可称为应用节约型园林技术：

① 采用微喷、滴灌、渗灌和其他节水技术的灌溉面积大于等于总灌溉面积的80%；

② 采用透水材料和透水结构铺装面积超过铺装总面积的 50%；

③ 设置有雨洪利用措施；

④ 采用再生水或自然水等非传统水源进行灌溉和造景，其年用水量大于等于总灌溉和造景年用水量的 80%；

⑤ 对植物因自然生长或养护要求而产生的枝、叶等废弃物单独或区域性集中处理，生产肥料或作为生物质进行材料利用或能源利用；

⑥ 利用风能、太阳能、水能、浅层地热能、生物质能等非化石能源，其能源消耗量大于等于能源消耗总量的 25%；

⑦ 保护并合理利用了被相关专业部门认定为具有较高景观、生态、历史、文化价值的建构筑物、地形、水体、植被以及其他自然、历史文化遗址等基址资源。

3. 释义

建设节约型城市园林绿地是落实科学发展观的必然要求，是构筑资源节约型、环境友好型社会的重要载体，是城市可持续性发展的生态基础，是我国城市园林绿化事业必须长期坚持的发展方向。

住房和城乡建设部（原建设部）《关于建设节约型城市园林绿化的意见》（建城〔2007〕215号）中提出："积极合理利用土地资源"、"提倡应用乡土植物"、"大力推广节水型绿化技术"以及"…在城市开发建设中，要保护原有树木，特别要严格保护大树、古树…"；"…在建设中要尽可能保持原有的地形地貌特征，减少客土使用，反对盲目改变地形地貌、造成土壤浪费的建设行为…"。

4. 评价说明

节约型园林建设涵盖的技术广泛，因不同地区的不同自然条件与社会发展特点，节约型园林建设表现形式亦不相同，无法以某一项技术作为全国推广的节约型技术要求，也无法以某一项的量化标准评价节约型的水平。本标准采用选择项进行认定。包括：节水技术（①项、②项、③项、④项），节能技术（⑤项、⑥项），土地利用和资源利用技术（⑦项）。

基础资料包括应用节约型园林技术的公园绿地、道路绿地的名称、位置、面积和应用技术时间、情况说明。本指标考核需实地抽查。

九、立体绿化推广

1. 评价要求

1）应制定立体绿化推广的鼓励政策和技术措施；

2）应制定立体绿化推广的实施方案；

3）应已执行立体绿化实施方案，效果明显。

2. 释义

立体绿化是节约型园林节地的重要表现，在2006年住房和城乡建设部修订的《国家园林城市标准》中有："积极推广建筑物、屋顶、墙面、立交桥等立体绿化，取得良好的效果"的指标设置。

3. 评价说明

本标准重点考核二点：1）有没有鼓励政策、技术措施和实施办法；2）是实施后的效果如何。

基础资料包括立体绿化位置、面积、建设时间和情况说明。本指标考核需实地抽查。

十、城市"其他绿地"控制

1. 评价要求

1）应依据《城市绿地系统规划》要求，建立城乡一体的绿地系统；

2）城市"其他绿地"应得到有效保护和合理利用；

3）纳入评价的"其他绿地"应符合现行行业标准《城市绿地分类标准》CJJ/T 85—2002 中 2.0.4 的规定。

2. 释义

"其他绿地"指现行行业标准《城市绿地分类标准》CJJ/T 85—2002 中的"其他绿地"，即对城市生态环境质量、居民休闲生活、城市景观和生物多样性保护有直接影响的绿地。

完善的城市绿地系统强调区域环境的一体化，对"其他绿地"的有效保护和合理利用，形成城乡一体化的绿地格局有利于改善城市的生态环境。本项评价的设置，旨在鼓励和促进城乡绿地环境一体化，重视城市建成区周边的环境保护和建设。

3. 评价说明

城市"其他绿地"很难用量化的标准进行评价，也没有固定模式。本项评价内容所指的"城乡一体化"，主要评价城市建成区与建成区周边的其他绿地的联系程度，同时评价"其他绿地"是否得到有效保护和合理的利用。

基础资料包括《城市绿地系统规划》。本指标考核需实地抽查。

十一、生物防治推广率

1. 概念和计算公式

1）生物防治：利用有益或其他生物，以及其他生物的分泌物和提取物来抑制或消灭有害生物的一种防治方法。

2）生物防治推广率应按下式计算：

$$生物防治推广率(\%) = \frac{采用了生物防治技术的公园绿地和道路绿地面积之和(hm^2)}{公园绿地和道路绿地总面积(hm^2)} \times 100\%$$

2. 评价要求

生物防治技术应符合国家相关标准和技术规范的要求。

3. 释义

针对农药、化肥的过量使用给自然生态环境带来的负面影响，在绿地的养护中积极推广生物防治技术具有非常积极的意义。

4. 评价说明

在目前尚未出台全国性的生物防治技术标准的情况下，可根据地方的技术规程和科研成果进行评估。

基础资料包括采用生物防治技术进行管理的公园绿地和道路绿地名称、位置、面积，技术开始使用时间、效果说明等。

十二、公园绿地应急避险场所实施率

1. 计算公式

公园绿地应急避险场所实施率按下式计算:

$$公园绿地应急避险场所实施率(\%)=\frac{已建成应急避险场所的公园绿地数量(个)}{规划要求设置应急避险场所的公园绿地数量(个)}\times100\%$$

2. 评价要求

应急避难场所应符合现行国家标准《地震应急避难场所场址及配套设施》GB21734 的有关规定。

3. 释义

住房和城乡建设部在 2008 年颁布了《关于加强城市绿地系统建设提高城市防灾避险能力的意见》(建城〔2008〕171 号),旨在促进城市公园应急避险功能的完善。

城市绿地,尤其是公园绿地,由于具有较大的规模、相对完善的设施和内部建筑密度较低的特性,能够有效发挥防灾避险的功能,从而成为应急避险的良好场所。

4. 评价说明

因不同城市的灾害威胁程度不同,对于绿地的应急避险功能要求也不同,所以本标准强调对于规划的应急避险绿地的实施,而不是要求应急避险绿地越多越好。

基础资料包括《城市综合防灾规划》,应急避险公园绿地名称、位置、面积、功能,以及实施情况。本指标考核需实地抽查。

十三、水体岸线自然化率

1. 计算公式

水体岸线自然化率应按下式计算:

$$水体岸线自然化率(\%)=\frac{符合自然岸线要求的水体岸线长度(km)}{水体岸线总长度(km)}\times100\%$$

2. 评价要求

1) 纳入统计的水体,应包括在《城市总体规划》中被列入 E 水域的水体;

2) 纳入自然岸线统计的水体应同时满足以下两个条件:

①应在满足防洪、排涝等水工(水利)功能要求的基础上,岸体构筑形式和材料符合生态学和景观美学要求,岸线模拟自然形态;

②滨水绿地的构建应充分保护和利用了滨水区域野生和半野生的生境;

3) 岸线长度应为河道两侧岸线的总长度;

4) 具有地方传统特色的水巷、码头和历史名胜公园的岸线可不计入统计评价。

3. 释义

住房和城乡建设部(原建设部)《关于建设节约型城市园林绿化的意见》(建城〔2007〕215 号)中有关于"积极推进城市河道、景观水体护坡驳岸的生态化、自然化建设与修复"的意见。本项评价内容设置目的在于促进城市水体及滨水绿地的建设由纯功能性工程向生态化、景观化、自然化工程转变。

4. 评价说明

本项评价主要针对城市规划区内的较大型河道和水体，公园绿地中的水体和各城市建设用地中的水体岸线一般规模较小，所以不纳入评价。

基础资料包括城市水体名称、位置、长度、自然岸线或人工岸线情况说明。本指标考核需实地抽查。

十四、城市历史风貌保护

1. 评价要求

1）应划定城市紫线，并制定了《历史文化名城保护规划》或城市历史风貌保护规划；

2）城市历史风貌保护应符合《历史文化名城保护规划》或城市历史风貌保护规划的要求。

2. 释义

历史风貌是社会生态的重要组成部分，城市人文景观和自然景观和谐融通符合城市传统园林景观价值的理念，继承城市传统文化、保护历史风貌和文化遗产是城市实现可持续发展战略的体现。

3. 评价说明

评价主要包括两个方面：

1）是否编制完成相应的保护规划，历史文化名城应完成《历史文化名城保护规划》，非历史文化名城可依据城市总体规划中的专题或风貌保护的专项规划；

2）对保护规划的执行情况。

基础资料包括《历史文化名城保护规划》、城市总体规划中的专题或风貌保护的专项规划的批复文件。本指标考核需实地抽查。

十五、风景名胜区、文化与自然遗产保护与管理

1. 评价要求

应具有国家级风景名胜区或被列为世界遗产名录的文化或自然遗产，且严格依据《风景名胜区条例》或自然与文化遗产保护相关法律法规进行保护管理。

2. 释义

风景名胜区、自然与文化遗产是园林绿地的组成部分，是宝贵的物质资源和文化财富，一个城市拥有国家级风景名胜区、世界文化或自然遗产，表明本城市对自然或文化资源的保护达到较高水准。

3. 评价说明

基础资料包括《风景名胜区总体规划》、《世界自然与文化遗产保护规划》、管理机构名称，相关保护的地方性法规，保护情况说明。本指标考核需实地抽查。

第四节 生 态 环 境 评 价

生态环境主要评价城市水环境、空气质量、城市噪声控制、湿地资源保护和生物多样性。

一、年空气污染指数小于或等于 100 的天数

1. 评价要求

空气污染指数（API）计算方法应按照《城市空气质量日报技术规定》执行，每日 API 指数应按认证点位的均值计算。

2. 释义

城市空气质量是城市居民生活环境的重要组成部分，城市空气质量的好坏直接关系到城市居民的身体健康和生活质量。空气污染指数（简称 API）是一种反映和评价空气质量的方法，空气污染指数（API）小于等于 100 相当于达到现行国家标准《环境空气质量标准》GB 3095—2012 中空气质量二级以上标准。各等级标准的确定参考了国内相关环境评价标准确定，一般认为，年空气污染指数小于等于 100 的天数≥300d 是该项指标表现较好的值，国内许多大、中城市已经达到这个水平，有些城市甚至达到 350d。

3. 评价标准

基础资料包括上报地方和国家环境质量监测点的数据统计，最终以环境质量公报数据为准。

二、地表水 Ⅳ 类及以上水体比率

1. 计算公式

地表水 Ⅳ 类及以上水体比率按下式计算：

$$地表水 Ⅳ 类及以上水体比率(\%) = \frac{地表水体中达到和优于 Ⅳ 类标准的监测断面数量}{地表水体监测断面总数} \times 100\%$$

2. 评价要求

水质评价应符合现行国家标准《地表水环境质量标准》GB 3838—2002 的有关规定。

3. 释义

城市地表水环境是城市人居环境的重要组成部分，其质量的好坏直接关系到城市的景观环境和城市形象。在住房和城乡建设部（原建设部）2006 年修订的《国家园林城市标准》和 2008 年《国家生态园林城市标准（暂行）》，均对城市地表水环境作出了明确要求。

考虑到目前我国城市地表水环境质量普遍较差的状况，选择城市规划区内地表水 Ⅳ 类及以上水体比率作为衡量城市地表水环境质量的指标。水质评价应符合现行国家标准《地表水环境质量标准》GB 3838—2002 的要求，Ⅳ 类水主要适用于工业用水区及非人体直接接触的娱乐用水区。

4. 评价说明

基础资料包括上报地方和国家环境质量监测点的数据统计，最终以环境质量公报数据为准。

三、区域环境噪声平均值

1. 概念和计算公式

1）区域环境噪声平均值：指城市建成区内经认证的环境噪声网格监测的等效声级算术平均值。

2）区域环境噪声平均值按下式计算：

$$\bar{L}_{Aeq} = \frac{\sum\limits_{i=1}^{n} L_{Aeqi}}{n}$$

式中：$\bar{L}_{Aeq}$ ——区域环境噪声平均值（dB（A））；

$\quad\quad L_{Aeqi}$ ——第 i 网格监测点测得的等效声级（dB（A））；

$\quad\quad n$ ——网格监测点总数。

2．评价要求

区域环境噪声评价应符合现行国家标准《声环境质量标准》GB 3096—2008 的有关规定。

3．释义

城市声环境是城市居民生活环境的重要组成部分，城市声环境的好坏直接关系到城市居民的身心健康和生活质量。实践表明，城市园林绿化具有明显的减弱噪声的作用。

本项评价内容在各级评价的标准值的确定，参照《声环境质量标准》GB 3096—2008 中各类声环境功能区的环境噪声等效声级限值的规定，只考核昼间平均等效声级。

4．注意事项

基础资料包括上报地方和国家环境质量监测点的数据统计，最终以环境质量公报数据为准。

四、城市热岛效应强度

1．概念和计算公式

1）城市热岛效应：因城市环境造成城市市区中的气温明显高于外围郊区的现象。

2）城市热岛效应强度应按下式计算：

城市热岛效应强度（℃）＝建成区气温的平均值（℃）－建成区周边区域气温的平均值（℃）

2．评价要求

城市建成区与建成区周边区域（郊区、农村）气温的平均值应采用在 6～8 月间的气温平均值。

3．释义

热岛效应是由于人们改变城市地表而引起小气候变化的综合现象。实践表明，合理的城市绿地系统结构、较高的绿化覆盖率和乔灌花草的合理搭配可以有效地减少城市特别是城市中心区的热岛效应强度，所以热岛效应强度也是评价一个城市园林绿化水平的重要指标。

4．评价说明

城市热岛效应强度采用城市建成区与建成区周边（郊区、农村）6～8 月的气温平均值的差值进行评价。

热岛效应一般采用气象站法、遥感测定法等进行研究，遥感测定可以获取大面积温度场，监测快捷、更新容易，能够直观定量的研究热岛特征，遥感数据反演出的是亮温或地表温度，所以应对遥感数据进行反演。但遥感测定易受到天气、云等影响，且温度反演存在一定难度。因此要获得较真实的热岛效应强度，宜统一亮温评价时间段，尽可能采用多日的亮度温度差，反演前去除云量等影响。因目前国内的技术手段和物质能力要达到以上要求还有难度，所以本标准中没有强制规定采用遥感测定。

基础资料包括城市各气象监测点统计数据。

五、本地木本植物指数

1. 概念和计算公式

1）本地木本植物：原有天然分布或长期生长于本地，适应本地自然条件并融入本地的自然生态系统，对本地区原生生物物种和生物环境不产生威胁的木本植物。

2）本地木本植物指数按下式计算：

$$本地木本植物指数 = \frac{本地木本植物物种数（种）}{木本植物物种总数（种）}$$

2. 评价要求

1）本地木本植物应包括：

① 在本地自然生长的野生木本植物物种及其衍生品种；

② 归化种（非本地原生，但已易生）及其衍生品种；

③ 驯化种（非本地原生，但在本地正常生长，并且完成其生活史的植物种类）及其衍生品种，不包括标本园、种质资源圃、科研引种试验的木本植物种类。

2）纳入本地木本植物种类统计的每种本地植物应符合在建成区每种种植数量不应小于 50 株的群体要求；

3）没有进行物种统计的应视为不满足本项评价要求。

3. 释义

住房和城乡建设部（原建设部）《关于建设节约型城市园林绿化的意见》（建城〔2007〕215 号）中要求："……积极提倡应用乡土植物。在城市园林绿地建设中，要优先使用成本低、适应性强、本地特色鲜明的乡土树种……"

本地木本植物是经过长期的自然选择及物种演替后，对某一特定地区有高度生态适应性，具有抗逆性强、资源广、苗源多、易栽植的特点；不仅能够满足当地城市园林绿化建设的要求，而且还代表了一定的植被文化和地域风情。

本项评价内容评价参考了 2006 年住房和城乡建设部（原建设部）《国家生态园林城市标准（暂行）》提出"本地植物指数≥0.7"的要求，考虑到统计调查的操作性，本项评价限定在木本植物。

4. 评价说明

本地木本植物统计范围以建成区为准。

基础资料包括城市建成区内各公园绿地木本植物名录、种植数量，长势情况说明。纳入统计的木本植物种植数量不小于 50 株。

六、生物多样性保护

1. 概念

生物多样性保护：对生态系统、生物物种和遗传的多样性保护。

2. 评价要求

1）应完成不小于城市市域范围的生物物种资源普查，并以完成当年为基准年；

2）应制定《城市生物多样性保护规划》和实施措施；

3）评价期当年超过基准年五年的，应调查统计当年城市市域内代表性鸟类、鱼类和植物物种数量，该数量不应低于基准年相应的物种数量；评价当年未超过基准年五年的仅评价以上1）、2）两条。

3. 释义

加强城市生物多样性的保护工作，对于维护生态安全和生态平衡、改善人居环境等具有重要意义。1992年6月在联合国通过了《生物多样性公约》。我国政府于1993年正式批准加入该公约。随后，国务院批准了《中国生物多样性保护行动计划》、《中国生物多样性保护国家报告》。

住房和城乡建设部（原建设部）《关于加强城市生物多样性保护工作的通知》（建城〔2002〕249号）中要求：“开展生物资源调查，制定和实施生物多样性保护计划”。

4. 评价说明

评价主要包括三点内容：

1）是否进行城市生物资源的本底调查，这是进行生物多样性保护的基础条件；

2）是否编制《生物多样性保护规划》，制定实施措施，这是实施生物多样性保护的重要依据；

3）强调了生物多样性保护的实施效果。参考国内外相关标准，植物和鸟类种类数量一般统计5年内的变化值，所以本标准重点考核鸟类、鱼类和植物种类的数量在5年或5年以上的周期内不小于基准年统计的数量。

基础资料包括《城市生物资源本底调查报告》或《城市生物资源的本底调查统计表》，《生物多样性保护规划》，相关政策文件。

七、城市湿地资源保护

1. 概念

城市湿地资源：纳入城市蓝线范围内，具有生态功能的天然或人工、长久或暂时性的沼泽地、泥炭地或水域地带，以及低潮时水深不超过6m的水域。

2. 评价要求

1）应完成城市规划区内的湿地资源普查，并以完成当年为基准年；

2）应制定城市湿地资源保护规划和实施措施；

3）评价期当年的湿地资源面积不应低于基准年统计的湿地资源面积。

3. 释义

对湿地进行保护是生物多样性保护的重要体现。针对一些城市盲目填河、填沟、填湖，城市河流、湖泊、沟渠、沼泽地、自然湿地面临高强度的开发建设，完整的良性循环的城市生态系统和生态安全面临威胁，住房和城乡建设部（原建设部）在《关于加强城市生物多样性保护工作的通知》（建城〔2002〕249号）中要求严格保护城市规划区内的河湖、沼泽地、自然湿地等生态和景观的敏感区域。

4. 评价说明

本标准强调的是对城市湿地资源的保存，主要指城市规划区内对城市发展具有重要意义的湿地，并非所有定义的"湿地"。

评价主要包括：1）对于湿地资源的调查统计；2）制定相关的保护规划和实施措施；3）湿地保护的实际效果，以评价期湿地面积不小于基准年的湿地面积为标准。

基础资料：城市湿地资源的名称、位置、面积、生物资源、历史文化价值、初次调查时间、现状情况。本指标考核需实地抽查。

第五节 市 政 设 施 评 价

一、城市容貌评价值

1. 计算公式

城市容貌评价值按下式计算：

$$E_容 = E_{容1} \times 0.3 + E_{容2} \times 0.3 + E_{容3} \times 0.2 + E_{容4} \times 0.2$$

式中：$E_容$——城市容貌评价值；

$E_{容1}$——公共场所评价分值；

$E_{容2}$——广告设施与标识评价分值；

$E_{容3}$——公共设施评价分值；

$E_{容4}$——城市照明评价分值。

2. 评价要求

依据表 2-7 进行评价：

城市容貌评价值评价表　　　　表 2-7

	评价内容		评价取分标准					评价分值	权重
			9.0～10.0分	8.0～8.9分	7.0～7.9分	6.0～6.9分	小于6.0分		
1	公共场所	依据现行国家标准《城市容貌标准》GB 50449 的有关规定	好	较好	一般	较差	差	$E_{容1}$	0.30
2	广告设施与标识		好	较好	一般	较差	差	$E_{容2}$	0.30
3	公共设施		好	较好	一般	较差	差	$E_{容3}$	0.20
4	城市照明		好	较好	一般	较差	差	$E_{容4}$	0.20

3. 释义

城市园林绿化是城市容貌的重要组成部分，同时，城市容貌中的公共场所、广告设施与标识、公共设施和环境照明等对城市园林绿化的整体效果也有较大影响。

本项内容依据现行国家标准《城市容貌标准》GB 50449—2008 的要求进行评价。

4. 评价说明

基础资料：第三方机构或专家组报告（含评价时间、人数构成、评价数据）。本指标数据最终由评价专家组实地踏查后评价确定。

二、城市管网水检验项目合格率

1. 计算公式

城市管网水检验项目合格率按下式计算：

$$城市管网水检验项目合格率(\%) = \frac{城市管网水检验合格的项目数量(项)}{城市管网水检验的项目数量(项)} \times 100\%$$

2. 评价要求

城市管网水检验项目应符合现行行业标准《城市供水水质标准》CJ/T 206—2005 中第 6.8 节水质检验项目合格率的规定。

3. 释义

本项评价作为反映供水水质的代表性内容。根据现行行业标准《城市供水水质标准》CJ/T 206—2005 规定，管网水检验项目合格率为浑浊度、色度、臭和味、余氯、细菌总数、总大肠菌群、COD_{Mn} 7 项指标的合格率。《城市供水水质标准》CJ/T 206—2005 要求城市管网水检验项目合格率不低于 95%，目前，全国城市管网水检验项目合格率多在 99% 以上。

4. 评价说明

基础资料包括上报地方和国家的监测统计数据，最终以城市建设统计年鉴数据为准。本指标考核需实地抽查。

三、城市污水处理率

1. 计算公式

城市污水处理率按下式计算：

$$城市污水处理率(\%) = \frac{经过城市污水处理设施处理且达到排放标准的污水量(万吨)}{城市污水排放总量(万吨)} \times 100\%$$

2. 评价要求

排放标准应符合现行国家标准《城镇污水处理厂污染物排放标准》GB 18918、《污水综合排放标准》GB 8978 的有关规定。

3. 释义

本项评价内容作为反映生活污水处理的代表性内容。城市生活污水处理率是指经过城市污水处理设施处理，且达到排放标准的生活污水量与城市生活污水排放总量的百分比。"十一五"规划目标是全国设市城市的污水处理率不低于 70%，根据中国城市建设统计年鉴，2008 年，全国城市污水处理率达到 70.2%。

4. 评价说明

基础资料包括上报地方和国家的监测统计数据，最终以城市建设统计年鉴数据为准。本指标考核需实地抽查。

四、城市生活垃圾无害化处理率

1. 计算公式

城市生活垃圾无害化处理率按下式计算：

$$城市生活垃圾无害化处理率(\%) = \frac{采用无害化处理的城市生活垃圾数量(万吨)}{城市生活垃圾产生总量(万吨)} \times 100\%$$

2. 评价要求

1）生活垃圾无害化处理应包括卫生填埋、焚烧、堆肥等三种处理方法；

2）卫生填埋、焚烧、堆肥以及回收利用都应达到国家有关标准的要求；

3）生活垃圾填埋场应达到现行行业标准《生活垃圾填埋场无害化评价标准》CJJ/T 107 的有关要求。

3. 释义

本项评价内容作为反映城市生活垃圾处理水平的代表性内容。生活垃圾无害化处理率是指经无害化处理的城市市区生活垃圾数量占市区生活垃圾产生总量的百分比，目前，生活垃圾产生总量用生活垃圾清运量代替。生活垃圾无害化处理方法主要有卫生填埋、焚烧、堆肥三种处理方法。生活垃圾填埋处理，要按照现行行业标准《生活垃圾填埋场无害化评价标准》CJJ/T 107—2005 中 I、II 级垃圾填埋场的垃圾填埋量计入无害化处理量；焚烧厂、垃圾堆肥场均要达到国家有关技术标准要求。

"十一五"规划目标是全国设市城市生活垃圾无害化处理率不低于 70%，根据中国城市建设统计年鉴，2008 年，全国城市生活垃圾无害化处理率达到 66%。

4. 评价说明

基础资料包括上报地方和国家的监测统计数据，最终以城市建设统计年鉴数据为准。本指标考核需实地抽查。

五、城市道路完好率

1. 评价要求

城市道路完好率按下式计算：

$$城市道路完好率(\%) = \frac{城市道路完好面积(m^2)}{城市道路总面积(m^2)} \times 100\%$$

2. 评价要求

纳入道路完好统计的道路应满足以下要求：

① 路面应没有破损；

② 路面应具有较好的稳定性和足够的强度；

③ 路面应满足平整、抗滑和排水的要求。

3. 释义

城市道路完好率，指城市建成区内道路完好面积与城市道路面积的比率。道路路面完好是指路面没有破损，具有良好的稳定性和足够的强度，并满足平整、抗滑和排水的要求。路面完好率是衡量道路设施建设和维护水平的指标，反映道路交通管理的基础条件。

依据现行国家标准《城市容貌标准》GB 50449—2008 的要求，城市道路应保持平坦、完好，便于通行。路面出现坑凹、碎裂、隆起、溢水以及水毁塌方等情况，应及时修复。

4. 评价说明

基础资料包括上报地方和国家的统计数据，最终以城市建设统计年鉴数据为准。本指标考核需实地抽查。

六、城市主干道平峰期平均车速

1. 评价要求

主干道平峰期平均车速应采用在非节假日中任一日 10：00～11：30 对主干道路所测得车速的平均值。

2. 释义

城市主干道平峰期平均车速是反映城市交通通畅程度的指标。

3. 评价说明

基础资料包括上报地方和国家的统计调查数据。

第三章 等 级 评 价

第一节 评 价 体 系

城市园林绿化评价标准从高到低分成城市园林绿化Ⅰ级、城市园林绿化Ⅱ级、城市园林绿化Ⅲ级和城市园林绿化Ⅳ级。根据我国城市园林绿化建设管理水平的现状和目标，对各等级的评价内容进行不同的规定，评价指标和评价项目都有所差异。

一、城市园林绿化评价各等级评价内容与评价指标

城市园林绿化Ⅰ、Ⅱ、Ⅲ、Ⅳ级评价内容与指标　　　　　　　　表 3-1

评价类型	序号	评 价 内 容		Ⅰ级评价标准	Ⅱ级评价标准	Ⅲ级评价标准	Ⅳ级评价标准
综合管理	1	城市园林绿化管理机构					
	2	城市园林绿化科研能力					
	3	城市园林绿化维护专项资金					
	4	《城市绿地系统规划》编制		详见本书第二章第一节			
	5	城市绿线管理					
	6	城市蓝线管理					
	7	城市园林绿化制度建设					
	8	城市园林绿化管理信息技术应用					
	9	公众对城市园林绿化的满意率		≥85%	≥80%	≥70%	≥60%
绿地建设	1	建成区绿化覆盖率		≥40%	≥36%	≥34%	
	2	建成区绿地率		≥35%	≥31%	≥29%	
	3	城市人均公园绿地面积	1）人均建设用地小于80m² 的城市	≥9.50m²/人	≥7.50m²/人	≥6.50m²/人	
			2）人均建设用地 80～100m² 的城市	≥10.00m²/人	≥8.00m²/人	≥7.00m²/人	
			3）人均建设用地大于100m² 的城市	≥11.00m²/人	≥9.00m²/人	≥7.50m²/人	
	4	建成区绿化覆盖面积中乔、灌木所占比率		≥70%		≥60%	
	5	城市各城区绿地率最低值		≥25%	≥22%	≥20%	
	6	城市各城区人均公园绿地面积最低值		≥5.00m²/人	≥4.50m²/人	≥4.00m²/人	

评价类型	序号	评 价 内 容	Ⅰ级评价标准	Ⅱ级评价标准	Ⅲ级评价标准	Ⅳ级评价标准
绿地建设	7	公园绿地服务半径覆盖率	≥80%	≥70%	≥60%	
	8	万人拥有综合公园指数	≥0.07	≥0.06	≥0.05	
	9	城市道路绿化普及率	≥95%		≥85%	
	10	城市新建、改建居住区绿地达标率	≥95%		≥80%	
	11	城市公共设施绿地达标率	≥95%		≥85%	
	12	城市防护绿地实施率	≥90%	≥80%	≥70%	
	13	生产绿地占建成区面积比率	≥2%			
	14	城市道路绿地达标率	≥80%			
	15	大于40hm^{2}的植物园数量	≥1.00			
	16	林荫停车场推广率	≥60%			
	17	河道绿化普及率	≥80%			
	18	受损弃置地生态与景观恢复率	≥80%			
建设管控	1	城市园林绿化综合评价值	≥9.00	≥8.00	≥7.00	≥6.00
	2	城市公园绿地功能性评价值	≥9.00	≥8.00	≥7.00	≥6.00
	3	城市公园绿地景观性评价值	≥9.00	≥8.00	≥7.00	≥6.00
	4	城市公园绿地文化性评价值	≥9.00	≥8.00	≥7.00	≥6.00
	5	城市道路绿化评价值	≥9.00	≥8.00	≥7.00	≥6.00
	6	公园管理规范化率	≥95%	≥90%	≥85%	
	7	古树名木保护率	≥98%		≥95%	
	8	节约型绿地建设率	≥80%		≥60%	
	9	立体绿化推广	详见本书第二章第三节			
	10	城市"其他绿地"控制				
	11	生物防治推广率	≥50%			
	12	公园绿地应急避险场所实施率	≥70%			
	13	水体岸线自然化率	≥80%			
	14	城市历史风貌保护	详见本书第二章第三节			
	15	风景名胜区、文化与自然遗产保护与管理				
生态环境	1	年空气污染指数小于或等于100的天数	≥300d		≥240d	
	2	地表水Ⅳ类及以上水体比率	≥60%	≥50%	≥60%	
	3	区域环境噪声平均值	≤54.00dB（A）	≤56dB（A）	≤54.00dB（A）	
	4	城市热岛效应强度	≤2.5℃	≤3.0℃	≤2.5℃	
	5	本地木本植物指数	≥0.90	≥0.80	≥0.90	
	6	生物多样性保护	详见本书第二章第四节			
	7	城市湿地资源保护				

评价类型	序号	评价内容	Ⅰ级评价标准	Ⅱ级评价标准	Ⅲ级评价标准	Ⅳ级评价标准
市政设施	1	城市容貌评价值	≥9.00	≥8.00	≥7.00	≥6.00
	2	城市管网水检验项目合格率	100%	≥99%		
	3	城市污水处理率	≥85%	≥80%		
	4	城市生活垃圾无害化处理率	≥90%	≥80%		
	5	城市道路完好率	≥98%	≥95%		
	6	城市主干道平峰期平均车速	≥40.00km/h	≥35.00km/h		

二、城市园林绿化评价各等级评价内容与评价项目

城市园林绿化Ⅰ、Ⅱ、Ⅲ、Ⅳ级评价内容与评价项目　　　　　表3-2

评价类型	序号	评价内容		Ⅰ级评价项目	Ⅱ级评价项目	Ⅲ级评价项目	Ⅳ级评价项目
综合管理	1	城市园林绿化管理机构		基本项	基本项	基本项	基本项
	2	城市园林绿化科研能力		基本项	基本项	一般项	一般项
	3	城市园林绿化维护专项资金		基本项	基本项	基本项	基本项
	4	《城市绿地系统规划》编制		基本项	基本项	基本项	基本项
	5	城市绿线管理		基本项	基本项	基本项	基本项
	6	城市蓝线管理		基本项	一般项	一般项	一般项
	7	城市园林绿化制度建设		基本项	基本项	基本项	基本项
	8	城市园林绿化管理信息技术应用		基本项	基本项	一般项	一般项
	9	公众对城市园林绿化的满意率		基本项	一般项	一般项	一般项
绿地建设	1	建成区绿化覆盖率		基本项	基本项	基本项	基本项
	2	建成区绿地率		基本项	基本项	基本项	基本项
	3	城市人均公园绿地面积	1）人均建设用地小于 80m² 的城市	基本项	基本项	基本项	基本项
			2）人均建设用地 80～100m² 的城市	基本项	基本项	基本项	基本项
			3）人均建设用地大于 100m² 的城市	基本项	基本项	基本项	基本项
	4	建成区绿化覆盖面积中乔、灌木所占比率		基本项	基本项	基本项	一般项
	5	城市各城区绿地率最低值		基本项	基本项	基本项	一般项
	6	城市各城区人均公园绿地面积最低值		基本项	基本项	基本项	基本项
	7	公园绿地服务半径覆盖率		基本项	一般项	一般项	一般项
	8	万人拥有综合公园指数		基本项	基本项	一般项	一般项
	9	城市道路绿化普及率		基本项	一般项	一般项	一般项

评价类型	序号	评价内容	Ⅰ级评价项目	Ⅱ级评价项目	Ⅲ级评价项目	Ⅳ级评价项目
绿地建设	10	城市新建、改建居住区绿地达标率	一般项	一般项	一般项	一般项
	11	城市公共设施绿地达标率	一般项	一般项	一般项	一般项
	12	城市防护绿地实施率	一般项	一般项	一般项	一般项
	13	生产绿地占建成区面积比率	一般项	一般项	一般项	一般项
	14	城市道路绿地达标率	附加项	附加项	附加项	附加项
	15	大于40hm²的植物园数量	附加项	附加项	附加项	附加项
	16	林荫停车场推广率	附加项	附加项	附加项	附加项
	17	河道绿化普及率	附加项	附加项	附加项	附加项
	18	受损弃置地生态与景观恢复率	附加项	附加项	附加项	附加项
建设管控	1	城市园林绿化综合评价值	基本项	基本项	基本项	基本项
	2	城市公园绿地功能性评价值	基本项	基本项	基本项	基本项
	3	城市公园绿地景观性评价值	基本项	基本项	基本项	基本项
	4	城市公园绿地文化性评价值	基本项	基本项	基本项	基本项
	5	城市道路绿化评价值	基本项	基本项	基本项	基本项
	6	公园管理规范化率	基本项	基本项	基本项	一般项
	7	古树名木保护率	基本项	基本项	基本项	基本项
	8	节约型绿地建设率	一般项	一般项	一般项	一般项
	9	立体绿化推广	一般项	一般项	一般项	一般项
	10	城市"其他绿地"控制	一般项	一般项	一般项	一般项
	11	生物防治推广率	附加项	附加项	附加项	附加项
	12	公园绿地应急避险场所实施率	附加项	附加项	附加项	附加项
	13	水体岸线自然化率	附加项	附加项	附加项	附加项
	14	城市历史风貌保护	附加项	附加项	附加项	附加项
	15	风景名胜区、文化与自然遗产保护与管理	附加项	附加项	附加项	附加项
生态环境	1	年空气污染指数小于或等于100的天数	基本项	基本项	一般项	一般项
	2	地表水Ⅳ类及以上水体比率	基本项	基本项	一般项	一般项
	3	区域环境噪声平均值	一般项	一般项	一般项	一般项
	4	城市热岛效应强度	一般项	一般项	一般项	一般项
	5	本地木本植物指数	基本项	一般项	一般项	一般项
	6	生物多样性保护	基本项	一般项	一般项	一般项
	7	城市湿地资源保护	基本项	一般项	一般项	一般项
市政设施	1	城市容貌评价值	基本项	基本项	一般项	一般项
	2	城市管网水检验项目合格率	基本项	基本项	一般项	一般项
	3	城市污水处理率	基本项	基本项	一般项	一般项
	4	城市生活垃圾无害化处理率	基本项	基本项	一般项	一般项
	5	城市道路完好率	一般项	一般项	一般项	一般项
	6	城市主干道平峰期平均车速	一般项	一般项	一般项	一般项

三、城市园林绿化评价各等级评价项目的基本规定

1. 城市园林绿化 I 级评价需满足的基本项和一般项数量应符合表 3-3 的规定。

城市园林绿化 I 级需满足的基本项和一般项数量   表 3-3

评价类型	基本项数量（项）	一般项数量（项）
综合管理	9	0
绿地建设	9	4
建设管控	7	3
生态环境	5	1
市政设施	4	1

在本级的各类评价内容的选项中，对在全国各城市具有普遍性的综合管理、绿地建设和建设管控、生态环境评价的评价内容，对城市园林绿化影响直接的市政评价的评价内容均列为基本项；其他具有一定的地域或城市特色、对城市园林绿化水平影响力一般的评价内容列为一般项。

城市园林绿化 I 级评价内容标准确定的原则是：

1）国家相关评价标准要求的高值；

2）若没有相关标准，按目前全国该项指标统计水平的高值或超过平均水平的值；

3）若目前全国没有该项指标的统计，则按理论上可能达到的较高值。

城市园林绿化 I 级需要满足的评价项目共 43 项，其中基本项 34 项、一般项 9 项。需要满足的评价项目占所有评价项目（不含附加项）的 96%，表明城市园林绿化 I 级具有高标准的要求。

2. 城市园林绿化 II 级评价需满足的基本项和一般项数量应符合表 3-4 的规定。

城市园林绿化 II 级评价需满足的基本项和一般项数量   表 3-4

评价类型	基本项数量（项）	一般项数量（项）
综合管理	7	1
绿地建设	7	5
建设管控	7	2
生态环境	2	2
市政设施	4	1

在本级的各类评价内容的选项中，对在全国各城市具有普遍性的综合管理、绿地建设和建设管控评价内容，对城市园林绿化影响直接的生态环境、市政设施评价内容列为基本项；其他具有一定的地域或城市特色、对城市园林绿化水平影响力一般的评价内容列为一般项。

城市园林绿化 II 级评价内容标准确定的原则是：

1）略高于国家相关标准要求的值；

2）若没有相关标准，按略高于全国目前该项指标统计的平均值确定；

3）若目前没有该项指标的统计，则按高于理论上可能达到的平均值确定。

城市园林绿化Ⅱ级需要满足的评价项目共 38 项，其中基本项 27 项、一般项 11 项。需要满足的评价项目占所有评价项目（不含附加项）的 84%，表明城市园林绿化Ⅱ级具有较高标准的要求。

3. 城市园林绿化Ⅲ级评价需满足的基本项和一般项数量应符合表 3-5 的规定：

城市园林绿化Ⅲ级评价需满足的基本项和一般项数量　　　　　表 3-5

评价类型	基本项数量（项）	一般项数量（项）
综合管理	5	2
绿地建设	6	5
建设管控	7	3
生态环境	0	2
市政设施	0	3

在本级的各类评价内容的选项中，对于评价城市园林绿地总体水平的综合管理、绿地建设和管控的基本评价内容列为基本项，具有一定的地域或城市特色评价和生态环境、市政设施指标列为一般项。

城市园林绿化Ⅲ级评价内容标准确定的原则是：

1）国家相关评价标准要求的值；

2）若没有相关标准，按全国目前该项指标统计的平均水平值确定；

3）若目前没有该项指标的统计，则按理论上可能达到的平均值确定。

城市园林绿化Ⅲ级需要满足的评价项目共 33 项，其中基本项 18 项、一般项 15 项。需要满足的评价项目占所有评价项目（不含附加项）的 73%，表明城市园林绿化Ⅲ级为基本达标的要求。

4. 城市园林绿化Ⅳ级评价需满足的基本项和一般项数量应符合表 3-6 的规定。

城市园林绿化Ⅳ级评价需满足的基本项和一般项数量　　　　　表 3-6

评价类型	基本项数量（项）	一般项数量（项）
综合管理	5	2
绿地建设	4	4
建设管控	6	3
生态环境	0	2
市政设施	0	2

在本级的各类评价内容选项中，城市园林绿地质量最基本、最核心的评价指标列为基本项；其他评价内容均列为一般项。

除了公众对城市园林绿化的满意率、城市园林绿化综合评价值、城市公园绿地功能性评价值、城市公园绿地景观性评价值、城市公园绿地文化性评价值、城市道路绿化评价值和城市容貌评价值的标准略低于Ⅲ级，其他各项评价标准与Ⅲ级相同，主要差别是需要满足的评价项目数量不同。

城市园林绿化Ⅳ级需要满足的评价项目共 28 项，其中基本项 15 项、一般项 13 项。需要满足的评价项目占所有评价项目（不含附加项）的 62%，表明城市园林绿化Ⅳ级为准达标的要求。

第二节　使　用　方　法

一、收集整理城市各项指标

在对某城市进行园林绿化等级评价前，首先应收集和整理该城市的相关评价指标，以形成完整的城市自身指标体系，才能准确地对应相关等级评价标准，完成该城市的园林绿化等级评价。

收集和整理相关的评价指标，就是把各项指标分类整理，一般情况主要以不同的行业和不同的管理部门这两个方面以及卫星或航空遥感影像数据进行分类整理，下面就具体操作进行分门别类。

1. 卫星或航空遥感影像和相关管理部门共同提供的数据

需卫星或航空遥感影像和相关管理部门提供的数据　　　　　　　　　　表 3-7

类型	序号	内　　容	统计数据	航拍数据	来源部门	备注
绿地建设	1	建成区绿化覆盖率				
	2	建成区绿地率				
	3	城市人均公园绿地面积				
	4	建成区绿化覆盖面积中乔、灌木所占比率				
	5	城市各城区绿地率最低值				
	6	城市各城区人均公园绿地面积最低值				
	7	公园绿地服务半径覆盖率				
	8	城市道路绿化普及率				
	9	城市新建、改建居住区绿地达标率				
	10	城市公共设施绿地达标率				
	11	城市防护绿地实施率				
	12	生产绿地占建成区面积比率				
	13	河道绿化普及率				
	14	受损弃置地生态与景观恢复率				
生态环境	1	城市热岛效应强度				
	2	城市湿地资源保护				

2. 城市园林绿化管理部门提供的资料

需城市园林绿化管理部门提供的资料　　　　　　　　　　表 3-8

类型	序号	内　　容	实施管理情况	备　注
综合管理	1	城市园林绿化管理机构		
	2	城市园林绿化科研能力		
	3	城市园林绿化维护专项资金		
	4	《城市绿地系统规划》编制		

类型	序号	内　　容	实施管理情况	备　注
综合管理	5	城市绿线管理		
	6	城市蓝线管理		
	7	城市园林绿化制度建设		
	8	城市园林绿化管理信息技术应用		
绿地建设	1	万人拥有综合公园指数		
	2	城市道路绿地达标率		
	3	大于40hm²的植物园数量		
	4	林荫停车场推广率		
建设管控	1	公园管理规范化率		
	2	古树名木保护率		
	3	节约型绿地建设率		
	4	立体绿化推广		
	5	公园绿地应急避险场所实施率		

3. 由第三方机构或专家组提供的数据

需第三方机构或专家组提供的数据　　　　　　　　　　表3-9

评价类型	序号	内　　容	评价数据	备注
综合管理		公众对城市园林绿化的满意率		
建设管控	1	城市园林绿化综合评价值		
	2	城市公园绿地功能性评价值		
	3	城市公园绿地景观性评价值		
	4	城市公园绿地文化性评价值		
	5	城市道路绿化评价值		
市政设施		城市容貌评价值		

4. 由规划、建设、环保和林业管理部门提供的数据

需规划、建设、环保和林业管理部门提供的数据　　　　表3-10

类型	序号	内　　容	统计数据	来源部门
建设管控	1	城市"其他绿地"控制		
	2	生物防治推广率		
	3	水体岸线自然化率		
	4	城市历史风貌保护		
	5	风景名胜区、文化与自然遗产保护与管理		
生态环境	1	年空气污染指数小于或等于100的天数		
	2	地表水Ⅳ类及以上水体比率		
	3	区域环境噪声平均值		
	4	本地木本植物指数		
	5	生物多样性保护		

类型	序号	内　　容	统计数据	来源部门
市政设施	1	城市管网水检验项目合格率		
	2	城市污水处理率		
	3	城市生活垃圾无害化处理率		
	4	城市道路完好率		
	5	城市主干道平峰期平均车速		

二、对照标准按级别不同达标排除

以城市园林绿化Ⅰ级为例的评价流程：

第一步：对照评价内容将城市相关指标填入评价统计表，并依据表3-11中的34项基本项进行城市园林绿化Ⅰ级对照确认，凡存在有基本项不能满足，即转入下一级评价，以此类推。如基本项均能满足，则进行城市园林绿化Ⅰ级指标达标数量评价。

城市园林绿化Ⅰ级基本项评价内容和评价标准　　　　　　表3-11

评价类型	序号	评　价　内　容			评价项目	评价标准
综合管理	1	城市园林绿化管理机构			基本项	符合标准附录A中表A.0.1评价要求
	2	城市园林绿化科研能力			基本项	
	3	城市园林绿化维护专项资金			基本项	
	4	《城市绿地系统规划》编制			基本项	
	5	城市绿线管理			基本项	
	6	城市蓝线管理			基本项	
	7	城市园林绿化制度建设			基本项	
	8	城市园林绿化管理信息技术应用			基本项	
	9	公众对城市园林绿化的满意率			基本项	≥85%
绿地建设	1	建成区绿化覆盖率			基本项	≥40%
	2	建成区绿地率			基本项	≥35%
	3	城市人均公园绿地面积	1）人均建设用地小于80m² 的城市		基本项	≥9.50m²/人
			2）人均建设用地80～100m² 的城市		基本项	≥10.00m²/人
			3）人均建设用地大于100m² 的城市		基本项	≥11.00m²/人
	4	建成区绿化覆盖面积中乔、灌木所占比率			基本项	≥70%
	5	城市各城区绿地率最低值			基本项	≥25%
	6	城市各城区人均公园绿地面积最低值			基本项	≥5.00m²/人
	7	公园绿地服务半径覆盖率			基本项	≥80%
	8	万人拥有综合公园指数			基本项	≥0.07
	9	城市道路绿化普及率			基本项	≥95%

评价类型	序号	评 价 内 容	评价项目	评价标准
建设管控	1	城市园林绿化综合评价值	基本项	≥9.00
	2	城市公园绿地功能性评价值	基本项	≥9.00
	3	城市公园绿地景观性评价值	基本项	≥9.00
	4	城市公园绿地文化性评价值	基本项	≥9.00
	5	城市道路绿化评价值	基本项	≥9.00
	6	公园管理规范化率	基本项	≥95%
	7	古树名木保护率	基本项	≥98%
生态环境	1	年空气污染指数小于或等于100的天数	基本项	≥300d
	2	地表水Ⅳ类及以上水体比率	基本项	≥60%
	3	本地木本植物指数	基本项	≥0.90
	4	生物多样性保护	基本项	符合标准附录A中表A.0.4评价要求
	5	城市湿地资源保护	基本项	
市政设施	1	城市容貌评价值	基本项	≥9.00
	2	城市管网水检验项目合格率	基本项	100%
	3	城市污水处理率	基本项	≥85%
	4	城市生活垃圾无害化处理率	基本项	≥90%

注：表中附录A与《城市园林绿化评价标准》GB/T 50563—2010中的附录A内容一致。

第二步：根据表3-3规定的指标达标数量，对照表3-12确认9项一般项进行指标对照，如不能达到城市园林绿化Ⅰ级指标数量要求，进行第三步。反之，则为城市园林绿化Ⅰ级达标。

城市园林绿化Ⅰ级一般项评价内容和评价标准　　　　表3-12

评价类型	序号	评 价 内 容	评价项目	评价标准
绿地建设	10	城市新建、改建居住区绿地达标率	一般项	≥95%
	11	城市公共设施绿地达标率	一般项	≥95%
	12	城市防护绿地实施率	一般项	≥90%
	13	生产绿地占建成区面积比率	一般项	≥2%
建设管控	8	节约型绿地建设率	一般项	≥80%
	9	立体绿化推广	一般项	符合标准附录A中表A.0.3评价要求
	10	城市"其他绿地"控制	一般项	
生态环境	3	区域环境噪声平均值	一般项	≤54.00dB（A）
	4	城市热岛效应强度	一般项	≤2.5℃
市政设施	5	城市道路完好率	一般项	≥98%
	6	城市主干道平峰期平均车速	一般项	≥40.00km/h

注：表中附录A与《城市园林绿化评价标准》GB/T 50563—2010中的附录A内容一致。

第三步：附加项的替代。两项满足标准指标的附加项可替代一项一般项指标，由此可对一般项达标数量进行补充，如仍不能满足表 3-3 规定的指标达标数量，则不能达到城市园林绿化Ⅰ级，需转入下一级进行评价。反之，则为城市园林绿化Ⅰ级达标。附加项仅应用于绿地建设和建设管控的评价。

城市园林绿化Ⅰ级附加项评价内容和评价标准　　　　　　　　　　表 3-13

评价类型	序号	评 价 内 容	评价项目	评价标准
	14	城市道路绿地达标率	附加项	≥80%
	15	大于 40hm² 的植物园数量	附加项	≥1.00
	16	林荫停车场推广率	附加项	≥60%
	17	河道绿化普及率	附加项	≥80%
	18	受损弃置地生态与景观恢复率	附加项	≥80%

第三节　使用中常见问题解答

1. "标准"中规定本标准适用于设市城市，县城以及建制镇是否可以参照？

答：我国幅员广阔，各地经济发展和社会条件差异很大，设市城市与县城、建制镇建设情况和要求可能存在较大差异，各县城以及建制镇之间情况差别更为巨大，在一本标准中很难确立涵盖所有类型行政区划的园林绿化水平评价指标。各县城、建制镇的园林绿化评价可按照国务院建设主管部门颁布的相关管理办法实施。

2. "城市园林绿化科研能力"中的科研项目是否需要进行相关鉴定、评审？

答："在实际应用中得到推广"的科研项目必须是较为成熟的，一定是得到相关部门鉴定或专家论证的成果。但要明确的是，该项目的鉴定或论证不一定必须是在本城市，其他城市成熟的科研成果如符合本城市条件，且已应用推广，也可以计入。

3. "城市园林绿化维护专项资金"是否应对资金的投入额度或增长比例作出要求？

答：就我国的实际情况来看，各地每年对于园林绿化维护资金投入往往受一些不定因素的影响，并无明显的规则，再加上城市绿化维护逐渐走向市场化，资金的投入额度或增长比例与城市园林绿化建设数量不宜确定，需要根据具体情况而定。在实际操作中，应重点考量投入的维护资金与需要维护的绿地面积之比，可依据各地的单位养护费用水平确定投入额度。

4. "《城市绿地系统规划》编制"中，我们城市有几个区或城市组团，都不在一起，是否可以仅作中心城区的绿地系统规划？

答：绿地系统的规划范围一定要与城市总体规划确定的规划范围，包括建成区范围和规划区范围相一致，这是标准。

5. 现实中存在因《城市总体规划》的滞后而造成《城市绿地系统规划》编制工作滞后，是不是可以不算规划期限低于评价期？

答：城市总体规划和绿地系统规划等相关规划的编制水平和管理水平直接影响到一个城市的各项发展，所以不论什么原因造成规划的滞后均认为不满足要求。

6. "城市绿线管理"中"批准的城市绿线要向社会公布，接受公众监督"，具体来说什么时候公布有没有要求？

答：以评价时间为界限。

7. "城市园林绿化制度建设"，是否包括各部门制定的行业管理制度？

答：只要是在实际应用中能够引导全市园林绿化工作的各项制度，无论由哪个部门或哪一级政府制定都可以算。

8. "城市园林绿化管理信息技术应用"关于数字化信息库、信息发布平台以及信息化监管系统的建立有没有具体的要求？

答：目前国家关于信息技术应用尚没有一个严格意义上的标准规范，所以本标准要求实现最基本的规定。比如数字化信息库应包括城市园林绿化的相关信息的统一数字化存储；信息发布平台主要指对外的城市园林绿化网站；信息化监管系统可以包括绿地的视频监控、应急救援、资源环境监测、规划建设管理等多种系统。

9. "公众对城市园林绿化的满意率"的公众调查如何进行？

答：只要是满足"标准"要求的人员数量，采用网络调查、专业统计调查队伍调查或是其他公开的媒体的调查等。

10. 如何界定建成区与规划区？

答：现行国家标准《城市规划基本术语标准》GB/T 50280—98 的术语中对"城市建成区"解释为："城市行政区内实际已成片开发建设、市政公用设施和公共设施基本具备的地区"。在《城乡规划法》中第二条将建成区纳入到规划区的阐述："本法所称规划区，是指城市、镇和村庄的建成区以及因城乡建设和发展需要，必须实行规划控制的区域。规划区的具体范围由有关人民政府在组织编制的城市总体规划、镇总体规划、乡规划和村庄规划中，根据城乡经济社会发展水平和统筹城乡发展的需要划定。"《城乡规划法》第十七条中要求："规划区范围、规划区内建设用地规模应当作为城市总体规划、镇总体规划的强制性内容。"

从以上解释可以看出，城市规划区包括城市建成区和其他城市需要控制的区域。

11. "建成区绿化覆盖率"评价中有哪些不能计入绿化覆盖率？嵌草砖区域和湿地植物可不可以算？

答：耕地、水面、高尔夫球场、草坪运动场、临时性的花坛、盆栽租摆以及纯生产性的果园等园地原则上不计入绿化覆盖面积。

湿地中的挺水植物可以计入绿化覆盖率；广场铺装间如果采用大面积植草，通过遥感可以勘测清晰，可以计入绿化覆盖率。

12. "建成区绿地率"是否仅计算建设用地内的绿地？

答：除了建设用地内的公园绿地、附属绿地、防护绿地、生产绿地四类绿地外，评价时还可在一定的条件下计入建成区内的"其他绿地"，但这部分绿地的统计面积不应超过建设用地内的绿地面积的 20%。

13. 建成区面积中包括不包括农村居住区（城中村）？建成区人口是否包括其中的农村户口？

答：农村居住区不是建设用地，但是有可能划入建成区范围。

按照《全国城市建设统计年鉴》的要求，从 2006 年起，人均和普及率指标按照城区的常住人口计算，包括公安部门的户籍人口和暂住人口。所以人均公园绿地的人口统计为城区户籍人口和城区暂住人口之和，即城区的常住人口。所以人口数字和统计方法应与上报的建设统计年鉴相一致，但需要刨除建成区外的城区人口数量。

从社会和谐进步的意义上讲，未来的人口统计应摒弃城乡二元的概念，在城中的农村居民也应享受城市的环境空间。

14. 为什么标准中"建成区绿地率"关于水面的计算与遥感技术规程要求不一样？

答：遥感技术规程关于水面的计算要求：①公园内符合《公园设计规范》CJJ 48—92园内用地比例要求（绿化用地比例≥65%）的，水面全部计入公园绿地面积和绿化覆盖面积；②水体通航的城市大江大河，水面不计入绿地面积和绿化覆盖面积；③城市内部河流，沿岸种植植物形成宽度≥30m的滨水公园绿地，且水面面积≤绿地面积的50%，水面全部计入公园绿地面积，不计入绿化覆盖面积；水面面积＞绿地面积的50%，水面按绿地面积的50%计入公园绿地面积，不计入绿化覆盖面积；④城市内部湖泊，沿岸种植植物形成1000m²以上的滨水公园绿地，且水面面积≤绿地面积的50%，水面全部计入公园绿地面积，不计入绿化覆盖面积；水面面积＞绿地面积的50%，水面按绿地面积的50%计入公园绿地面积，不计入绿化覆盖面积。

标准中关于水面的计算要求：①公园内符合《公园设计规范》CJJ 48—92园内用地比例要求（绿化用地比例≥65%）的，水面全部计入公园绿地面积和绿化覆盖面积；②纳入绿地率统计的"其他绿地"的面积不应超过建设用地内各类城市绿地总面积的20%；③建设用地外的河流、湖泊等水体面积不应计入绿地面积。

二者在表述上略有差异，但含义一致。其中，水体通航的城市大江大河不属于建设用地，故水面不计入绿地面积和绿化覆盖面积；城市内部河流、湖泊等，因在城市用地分类上不属于绿地，考虑其设计确实发挥有城市公园绿地的功能，可在一定条件下纳入计算，即为水体岸边有一定宽度的绿带。但这部分计入面积，以及城市部分具有公园绿地的山地面积等总合不能超过建设用地内各类城市绿地总面积的20%。

15. 城市中的嵌草铺装是否可计算为绿地？

答：是否计算为绿地首先应看其用地的属性，而不是看其形态。首先看其可能归于哪一类绿地。如嵌草铺装是在公园绿地之内当然应该算，如果是小区中的停车场采用嵌草铺装，因为其用地性质已经不是绿地了，所以不应该算。

16. 城市中的屋顶绿化和覆土绿化是否可计算为绿地？

答：屋顶绿化可以算绿化覆盖率，但不能算绿地率。由于各地气候条件的差异，乔木生长的最低覆土深度要求不尽相同，因此覆土绿化是否计算为绿地，原则上不应计算的绿地，如覆土埋深较大，可根据各地关于覆土绿化深度核算规定执行。

17. "城市人均公园绿地面积"中小区游园如何确定？是否小区中的中心绿地就是小区游园？

答：小区游园在《城市绿地分类标准》中是这样解释的："为一个居住小区的居民服务、配套建设的集中绿地，面积一般在0.3～0.5hm²。"所以判断一个绿地是算小区游园还是算居住绿地有三个标准：一是面积在0.3～0.5hm²的集中绿地；二是应该按公园绿地设计要求布置配套设施并满足各用地比率；三是为整个居住小区服务，而不是为局部的组团服务。

18. 街头绿地是否纳入公园绿地？

答：准确地讲应该叫街旁绿地，应属公园绿地。2001 年 12 月 11 日建设部发布《城市建设统计指标解释》中要求"街旁游园的宽度不小于 8m，面积不小于 400m²。"也就是说纳入统计的街旁绿地面积应大于 400m²，宽度大于 8m。

19．"建成区绿化覆盖面积中乔、灌木所占比率"如何获取？

答：这项指标通过遥感的技术手段获取。

20．"城市道路绿化普及率"中如果城市道路只有单排行道树是否纳入计算？

答：可以计算。

21．"城市新建、改建居住区绿地达标率"中说明：2002 年以后建成或改建的小区纳入评价，因为《城市居住区规划设计规范》GB 50180—93 在 2002 年版标准中加入了绿地率的强制性条款。如果本小区是在 2002 年以后建成，但在 2002 年前审批的，如何掌握呢？

答：2002 年前，从标准的角度关于绿地率的要求虽然不是强制性的，但毕竟是在 1993 年已有了这个国家标准，对于各地来说都是适用的，实际上评价将建成时间定为 2002 年已经考虑了一些城市的老居住区的特殊情况了。故而无论何时审批，只要是在 2002 年以后建成就应该纳入考核，而且在各级评价中并没有要求达到 100%，已经考虑了这部分原因。

22．一些老的家属区内只有一些大树，仅有一些树池和一些边边角角的绿地，没有集中绿地，这部分绿地率如何计算？

答：这个问题在一些城市的旧城比较普遍，目前这些独立的绿地只能以实际的绿化面积核算。

23．"城市道路绿地达标率"中绿地率如何计算？人行道上的行道树是否计入绿地率计算？

答：关于道路绿地率的计算应依据现行行业标准《城市道路绿化规划与设计规范》CJJ75—97 进行计算。在其术语的条文说明中有"……计算时，对仅种植乔木的行道树绿带宽度按 1.5m 计；对乔木下成带状配置地被植物，宽度大于 1.5m 的行道树绿带按实际宽度计。"

24．停车场中的嵌草砖停车位是否计入绿地率统计？

答：嵌草停车位不能计入绿地率统计，因为在北方地区大部分嵌草砖的草实际生长效果不很理想。

25．公共设施绿地主要包括哪些内容？

答：公共设施绿地指公共设施用地内的绿地。公共设施用地包括行政办公、商业金融、文化娱乐、体育、医疗卫生、教育科研、文物古迹等用地。

26．如何界定一个用地是属于道路广场用地还是广场绿地？广场是否算公园绿地？

答："街道广场绿地"位于道路红线之外，而"广场绿地"在城市规划的道路广场用地（即道路红线范围）以内。

在实际应用时这个概念界限常常模糊，所以可以以绿化占用地的比率进行区分，绿化占总用地比率大于等于 65% 的就可以叫做广场绿地，统计时整个用地计入公园绿地面积；绿化占总用地比率小于等于 65% 的应为道路广场绿地，统计绿地面积时以实际绿化面积为准。

27. 生产绿地如何计算入城市绿地总面积？

答：简单来说在建成区绿地率的统计中，建成区内的生产绿地全部计入绿地面积统计，建成区外的生产绿地不计入。但在"生产绿地占建成区面积比率"这一项评价中可以计入建成区外、规划区内的生产绿地。

28. 城市防护绿地评价中，因为规划多是十年或十五年期限，目前实施很难达标？

答：评价时仅评价现状建成区范围内实施的防护绿地与现状建成区内规划的防护绿地的比率，不考核未来的规划区域。

29. "大于40hm²的植物园数量"中，我们城市的植物园利用了一些非建设用地，如山地、林地等是否可以纳入评价？

答：可以。

30. 我市有一处大型综合性公园，同时也作为植物园，性质上是否可以重复？

答：综合公园和植物园很难交叉存在，只可能以一种功能为主，另一种功能为辅，如存在这种情况，面积应分别计算。

31. "林荫停车场推广率"中的植草砖是否能够计算？

答：这里面需要明确一个概念，林荫停车场强调的是"绿化遮荫"而不是绿化面积的比率，所以主要考核乔木或通过其他立体绿化的方式的绿化覆盖面积，草坪、绿篱等可以算入绿地率，均不能计算为遮荫面积。植草砖绿地率和遮荫面积都不能算。

32. "河道绿化普及率"评价中，河道堤防内常水位之上部分进行绿化并且满足12m的宽度，是否能够计算？

答：在满足相关防洪排涝的基础上，具有一定的生态、休闲、防护或景观功能的滨河绿地无论是在堤内或堤外都可以算。当然一些单纯性的堤坝草坪护坡，是不应该计算为绿地的。

33. 公园绿地紧急应急避险场所采用什么标准确定？如何统计面积？

答：这里首先需要完成一个紧急应急避险场所的规划，其标准应满足现行国家标准《地震应急避难场所场址及配套设施》GB 21734—2008 的有关规定，这里主要考核场所的实施数量比率，并无面积要求。

34. "受损弃置地生态与景观恢复率"评价中受损弃置地面积采用投影面积还是实际面积？

答：考虑到核查的方便性和标准的统一性，涉及面积的指标如没有特殊说明一律以垂直投影面积为准。

35. 关于建设管控中的几项评价值是否要委托专业机构进行？

答：几项评价值可由评价组专家或主管部门认定的专业机构评价完成。

36. "本地木本植物指数"计算公式中分子"本地木本植物种数"是不是就是本地生长的木本植物，那么分母"木本植物种数"指的是哪个范围的植物？

答：统计范围为建成区。"本地木本植物种数"不是指在本地生长的植物，是指适合本地生长的木本植物；分母"木本植物种数"是指建成区所有的木本植物。

37. "本地木本植物指数"统计中竹类是否纳入统计？

答：竹类属于禾本科，大多呈乔木或灌木状，虽然不算木本植物，但从鼓励本地植物的应用这项意义上来讲，可以纳入统计。

38. 本地木本植物中的归化种和驯化种如何界定？

答：简单来说，本地木本植物包括原产地的植物和虽非原产地但适应当地环境的植物两种，从专业角度不难区分。比如悬铃木属植物，原产东南欧、印度及美洲，但其中的一些种引入我国一些地区后生长良好，也可称为这些地区的本地木本植物。

39. 生物多样性保护规划范围是市域还是规划区？是否涉及动植物、微生物、遗传基因等多个方面？

答：生物多样性保护规划范围应是市域范围，重点是植物和高等级动物。由于生物多样性保护规划目前国家尚没有一个规范性的标准，编制确实较难，近期强调考核是否完成科学的生物多样性本底调查。但从长远看，生物多样性保护是城市可持续发展的重要基础，因此，从高标准要求是必须要编制《生物多样性保护规划》。

40. 历史文化街区如何界定？

答：1986年国务院公布第二批国家级历史文化名城时我国正式提出"历史街区"的概念。2002年10月修订后的《中华人民共和国文物保护法》正式将历史街区列入不可移动文物范畴。在历史文化名城保护规划规范（GB 50357—2005）中2.0.4历史文化街区 historic conservation area 定义为："经省、自治区、直辖市人民政府核定公布应予重点保护的历史地段，称为历史文化街区。"本标准对"历史文化街区"的界定，依据各级人民政府核定公布的名单。

第四章　城市园林绿化等级评价实例分析

第一节　城市自评

一、范例城市一

1. 城市概况

某县级市地处我国南方山区，属于盆地和山区相结合的地形地貌。由于位于中亚热带低纬度高海拔地区，季节温差不大，干湿度分明。该市矿产资源丰富，是典型的资源型工业城市。1995 年建市，发展历史较短。2010 年底，城市建成区内的城区人口约 19 万人，建成区面积约 18 平方公里，人均建设用地面积约 95.0m² / 人。

2. 等级自评

城市依据《城市园林绿化评价标准》进行等级自我评价。经过对相关文件、数据和调研资料等的整理，依据基础台账数据填入城市园林绿化评价表，其各项评价情况如下：

表 4-1 城市园林绿化评价内容、项目、标准和结果一览表；

表 4-2 城市园林绿化等级评价满足的评价项目数。

城市园林绿化评价内容、项目、标准和结果一览表　　　　表 4-1

评价类型	序号	评 价 内 容	评价项目	I 级评价标准	自评结果	备 注
综合管理	1	城市园林绿化管理机构	基本项	符合附录 A 中表 A.0.1 评价要求	✓	有独立的行政主管部门
	2	城市园林绿化科研能力	基本项		✓	科研 8 项，获奖 3 项
	3	城市园林绿化维护专项资金	基本项		✓	管护费 10 元 / m²
	4	《城市绿地系统规划》编制	基本项		✓	规划年限 2000～2020 年
	5	城市绿线管理	基本项		✓	绿色图章制度和绿线图公示
	6	城市蓝线管理	基本项		✓	公示蓝线图
	7	城市园林绿化制度建设	基本项		✓	地方法规和地方规章 11 项
	8	城市园林绿化管理信息技术应用	基本项		✓	建立网站和数据库
	9	公众对城市园林绿化的满意率	基本项	≥85%	✓	98%
绿地建设	1	建成区绿化覆盖率	基本项	≥40%	✓	42%
	2	建成区绿地率	基本项	≥35%	✓	36%
	3	城市人均公园绿地面积	基本项	≥10.0m² / 人	✓	10.5m² / 人
	4	建成区绿化覆盖面积中乔、灌木所占比率	基本项	≥70%	✓	85%
	5	城市各城区绿地率最低值	基本项	≥25%	—	无分区，不考核

评价类型	序号	评 价 内 容	评价项目	Ⅰ级评价标准	自评结果	备　注
绿地建设	6	城市各城区人均公园绿地面积最低值	基本项	≥5.00m²/人	—	无分区，不考核
	7	公园绿地服务半径覆盖率	基本项	≥80%	✓	90%
	8	万人拥有综合公园指数	基本项	≥0.07	✓	0.37
	9	城市道路绿化普及率	基本项	≥95%	✓	96%
	10	城市新建、改建居住区绿地达标率	一般项	≥95%	✗	80%
	11	城市公共设施绿地达标率	一般项	≥95%	✓	95%
	12	城市防护绿地实施率	一般项	≥90%	✓	90%
	13	生产绿地占建成区面积比率	一般项	≥2%	✓	9.74%
	14	城市道路绿地达标率	附加项	≥80%	✓	98%
	15	大于40hm²的植物园数量	附加项	≥1.00	—	县级城市可不考核
	16	林荫停车场推广率	附加项	≥60%	✗	14%
	17	河道绿化普及率	附加项	≥80%	✓	98%
	18	受损弃置地生态与景观恢复率	附加项	≥80%	✗	68%
建设管控	1	城市园林绿化综合评价值	基本项	≥9.00	✓	9.2
	2	城市公园绿地功能性评价值	基本项	≥9.00	✓	9.5
	3	城市公园绿地景观性评价值	基本项	≥9.00	✓	9.1
	4	城市公园绿地文化性评价值	基本项	≥9.00	✓	9.0
	5	城市道路绿化评价值	基本项	≥9.00	✓	9.3
	6	公园管理规范化率	基本项	≥95%	✓	98%
	7	古树名木保护率	基本项	≥98%	✓	100%
	8	节约型绿地建设率	一般项	≥80%	✗	50%
	9	立体绿化推广	一般项	符合附录A中表A.0.3评价要求	✓	推广和建设效果好
	10	城市"其他绿地"控制	一般项		✓	建立城乡一体的绿地系统
	11	生物防治推广率	附加项	≥50%	✗	30%
	12	公园绿地应急避险场所实施率	附加项	≥70%	✓	70%
	13	水体岸线自然化率	附加项	≥80%	✓	81.6%
	14	城市历史风貌保护	附加项	符合附录A表A.0.3评价要求	—	无
	15	风景名胜区、文化与自然遗产保护与管理	附加项		—	无
生态环境	1	年空气污染指数小于或等于100的天数	基本项	≥300d	✓	326d
	2	地表水Ⅳ类及以上水体比率	基本项	≥60%	✓	100%
	3	区域环境噪声平均值	一般项	≤54.00dB(A)	✓	53.4dB(A)

评价类型	序号	评 价 内 容	评价项目	Ⅰ级评价标准	自评结果	备 注
生态环境	4	城市热岛效应强度	一般项	≤2.5℃	×	3.2℃
	5	本地木本植物指数	基本项	≥0.90	√	0.92
	6	生物多样性保护	基本项	符合附录A中表A.0.4评价要求	√	生物物种资源调查报告和《生物多样性保护规划》
	7	城市湿地资源保护	基本项		√	进行湿地普查管理
市政设施	1	城市容貌评价值	基本项	≥9.00	√	9.2
	2	城市管网水检验项目合格率	基本项	100%	√	100%
	3	城市污水处理率	基本项	≥85%	√	100%
	4	城市生活垃圾无害化处理率	基本项	≥90%	√	100%
	5	城市道路完好率	一般项	≥98%	×	92%
	6	城市主干道平峰期平均车速	一般项	≥40.00km/h	√	46.00km/h

注：√达标；×未达标；—可不考核或无此项。

表中附录A与《城市园林绿化评价标准》GB/T 50563—2010中的附录A内容一致。

城市园林绿化等级评价满足的评价项目数 表 4-2

评价类型	自评基本项达标数量（项）	Ⅰ级基本项数量（项）	自评一般项达标数量（项）	Ⅰ级一般项数量（项）	自评附加项达标数量（项）
综合管理	9	9		0	
绿地建设	7	9	3	4	2
建设管控	7	7	2	3	2
生态环境	5	5	1	1	
市政设施	4	4	1	1	

3. 自评结果和替代项说明

根据城市园林绿化Ⅰ级评价要求：基本项34项需要全部满足，并同时满足4项绿地建设的一般项、3项建设管控、1项生态环境和1项市政设施的一般项，计9项；其中一般项可以同类型的附加项2倍替代。在表4-2中，该城市自评基本项全部达标，其中绿地建设和建设管控中一般项分别满足3项和2项，附加项分别满足2项，根据标准要求，该城市评价结果达到城市园林绿化Ⅰ级。其中替代项说明如下：

（1）绿地建设

由于该城市设置为县级市，城市没有分区，故基本项中的城市各城区绿地率最低值和城市各城区人均公园绿地面积最低值两项不予考核。

本类型中，一般项的"城市新建、改建居住区绿地达标率"达不到Ⅰ级标准，而附加项中的"城市道路绿地达标率"和"河道绿化普及率"分别达到Ⅰ级标准，按标准可相当于满足一项同类型的一般项，故绿地建设的指标可视为达标。

（2）建设管控

在一般项中，"节约型绿地建设率"达不到Ⅰ级标准，但同类型的附加项中"公园绿地应急避险场所实施率"和"水体岸线自然化率"达到Ⅰ级标准，可相当于满足一项同类型的一般项，故建设管控的指标可视为达标。

二、范例城市二

1. 城市概况

某城市 1980 年建市，为设区城市，市辖 2 个区。市域内以平原地貌为主，地势自西南向东北倾斜，河流密布贯穿。地处中纬度地区，属暖温带季风型大陆性气候，雨热同季，四季分明。截止 2010 年底，城市建成区内的城区人口约 62 万人，建成区面积约 100km²，人均建设用地面积约 160m²/人。

2. 自评结果

城市依据《城市园林绿化评价标准》进行等级自我评价。经过对相关的文件、数据和调研资料的整理，依据基础台账数据填入城市园林绿化评价表，其各项评价情况如下：

表 4-3 城市园林绿化评价内容、项目、标准和结果一览表；

表 4-4 城市园林绿化等级评价满足的评价项目数。

城市园林绿化评价内容、项目、标准和评价结果 表 4-3

评价类型	序号	评价内容	评价项目	Ⅱ级评价标准	自评结果	备注
综合管理	1	城市园林绿化管理机构	基本项	符合附录A中表A.0.1评价要求	✓	有独立的行政主管部门
	2	城市园林绿化科研能力	基本项		✓	有科研机构，获奖 8 项
	3	城市园林绿化维护专项资金	基本项		✓	管护费 16 元/m²，逐年增加
	4	《城市绿地系统规划》编制	基本项		✓	批复实施
	5	城市绿线管理	基本项		✓	绿色图章制度和绿线图公示
	6	城市蓝线管理	基本项		✓	蓝线图公示
	7	城市园林绿化制度建设	基本项		✓	地方法规和地方规章 13 项
	8	城市园林绿化管理信息技术应用	基本项		✓	建立园林网站和数据库
	9	公众对城市园林绿化的满意率	一般项	≥80%	✓	98
绿地建设	1	建成区绿化覆盖率	基本项	≥36%	✓	39.11
	2	建成区绿地率	基本项	≥31%	✓	36.37
	3	城市人均公园绿地面积	基本项	≥9.00m²/人	✓	17.34
	4	建成区绿化覆盖面积中乔、灌木所占比率	基本项	≥60%	✓	70
	5	城市各城区绿地率最低值	基本项	≥22%	✓	30
	6	城市各城区人均公园绿地面积最低值	基本项	≥4.50m²/人	✓	12.65
	7	公园绿地服务半径覆盖率	一般项	≥70%	✓	74%
	8	万人拥有综合公园指数	基本项	≥0.06	✓	0.44
	9	城市道路绿化普及率	一般项	≥95%	✓	96.5

评价类型	序号	评价内容	评价项目	Ⅱ级评价标准	自评结果	备　注
绿地建设	10	城市新建、改建居住区绿地达标率	一般项	≥95%	×	92
	11	城市公共设施绿地达标率	一般项	≥95%	×	90
	12	城市防护绿地实施率	一般项	≥80%	√	83
	13	生产绿地占建成区面积比率	一般项	≥2%	√	11
	14	城市道路绿地达标率	附加项	≥80%	√	90
	15	大于40hm²的植物园数量	附加项	≥1.00	√	1
	16	林荫停车场推广率	附加项	≥60%	√	70
	17	河道绿化普及率	附加项	≥80%	√	90
	18	受损弃置地生态与景观恢复率	附加项	≥80%	—	可不考核
建设管控	1	城市园林绿化综合评价值	基本项	≥8.00	√	9.51
	2	城市公园绿地功能性评价值	基本项	≥8.00	√	9.10
	3	城市公园绿地景观性评价值	基本项	≥8.00	√	9.09
	4	城市公园绿地文化性评价值	基本项	≥8.00	√	8.28
	5	城市道路绿化评价值	基本项	≥8.00	√	9.19
	6	公园管理规范化率	基本项	≥90%	√	95
	7	古树名木保护率	基本项	≥95%	√	98
	8	节约型绿地建设率	一般项	≥60%	×	50
	9	立体绿化推广	一般项	符合附录A表A.0.3评价要求	×	气候条件有限，效果一般
	10	城市"其他绿地"控制	一般项		√	建立城乡一体的绿地系统
	11	生物防治推广率	附加项	≥50%	√	83
	12	公园绿地应急避险场所实施率	附加项	≥70%	√	80
	13	水体岸线自然化率	附加项	≥80%	√	80
	14	城市历史风貌保护	附加项	符合附录A表A.0.3评价要求	—	可不考核
	15	风景名胜区、文化与自然遗产保护与管理	附加项		—	可不考核
生态环境	1	年空气污染指数小于或等于100的天数	基本项	≥240d	√	348
	2	地表水Ⅳ类及以上水体比率	基本项	≥50%	√	80
	3	区域环境噪声平均值	一般项	≤56dB（A）	√	40
	4	城市热岛效应强度	一般项	≤3.0℃	√	1.0
	5	本地木本植物指数	一般项	≥0.80	×	0.09
	6	生物多样性保护	一般项	符合附录A中表A.0.4评价要求	√	《生物物种资源调查报告》和《生物多样性保护规划》
	7	城市湿地资源保护	一般项		√	《湿地资源调查报告》和《湿地保护规划》

评价类型	序号	评价内容	评价项目	Ⅱ级评价标准	自评结果	备注
市政设施	1	城市容貌评价值	基本项	≥8.00	✓	9.13
	2	城市管网水检验项目合格率	基本项	≥99%	✓	100
	3	城市污水处理率	基本项	≥80%	✓	85.14
	4	城市生活垃圾无害化处理率	基本项	≥80%	✓	98.99
	5	城市道路完好率	一般项	≥95%	✓	97
	6	城市主干道平峰期平均车速	一般项	≥35.00km/h	✓	48

注：✓达标；×未达标；一可不考核或无此项。

表中附录 A 与《城市园林绿化评价标准》GB/T 50563—2010 中的附录 A 内容一致。

城市园林绿化等级评价满足的评价项目数　　　　　表 4-4

评价类型	自评基本项达标数量（项）	Ⅱ级基本项数量（项）	自评一般项达标数量（项）	Ⅱ级一般项数量（项）	自评附加项达标数量（项）
综合管理	7	7	1	1	
绿地建设	7	7	4	5	4
建设管控	7	7	1	2	3
生态环境	2	2	4	2	
市政设施	4	4	2	1	

　　3. 自评结果和替代项说明

　　城市园林绿化Ⅱ级评价要求：基本项 27 项需要全部满足，并同时满足 5 项绿地建设的一般项、2 项建设管控、2 项生态环境和 1 项市政设施的一般项，计 11 项；其中一般项可以同类型的附加项 2 倍替代。在表 4-3 中，自评结果基本项全部达标，其中绿地建设和建设管控中一般项分别满足 4 项和 1 项，附加项分别满足 4 项和 3 项，根据标准要求，该城市评价结果达到城市园林绿化Ⅱ级。

　　其中替代项说明如下：

　　（1）绿地建设

　　在一般项中，城市新建、改建居住区绿地达标率和城市公共设施绿地达标率达不到Ⅱ级标准，这是由于城市老区的部分居住区和公共设施建设密集，改造有一定难度。但在同类型的附加项中，由于新城在规划和建设阶段受到当地政府的重视，城市道路绿地达标率、大于 40hm² 的植物园数量、林荫停车场推广率和河道绿化普及率满足Ⅱ级标准，可相当于满足 2 项同类型的一般项。

　　（2）建设管控

　　在一般项中，节约型绿地建设率和立体绿化推广达不到Ⅱ级标准，一方面是这两项指标是近几年提出的一个较新的发展方向，在城市的实际工作中还需要一个过程，另一方面是当地的气候和土壤条件对绿化建设有较大的限制。

　　但在同类型的附加项中有生物防治推广率、公园绿地应急避险场所实施率和水体岸线自然化率 3 项满足Ⅱ级标准，可相当于满足 1 项同类型的一般项进行等级达标指标替代。

第二节 专 家 核 查

一、卫星或航空遥感影像提取的相关数据核查

1. 建成区绿化覆盖率
2. 建成区绿地率
3. 城市人均公园绿地面积
4. 建成区绿化覆盖面积中乔、灌木所占比率
5. 城市各城区绿地率最低值
6. 城市各城区人均公园绿地面积最低值
7. 公园绿地服务半径覆盖率
8. 城市道路绿化普及率
9. 城市新建、改建居住区绿地达标率
10. 城市公共设施绿地达标率
11. 城市防护绿地实施率
12. 生产绿地占建成区面积比率
13. 河道绿化普及率
14. 受损弃置地生态与景观恢复率
15. 城市热岛效应强度
16. 城市湿地资源保护

二、专家组对自评数据核查

1. 对相关文件、技术台账的准确性和真实性核查
2. 专家组对主要项目进行实地抽查、勘查
主要包括项目的位置、功能定位、性质、面积、特色、质量、建设时间、管理情况等。
3. 专家组对六项评价值表进行赋分评价
1）城市园林绿化综合评价值（表 B.0.2 城市园林绿化综合评价值评价表）
2）城市公园绿地功能性评价值（表 B.0.3 城市公园绿地功能性评价值评价表）
3）城市公园绿地景观性评价值（表 B.0.4 城市公园绿地景观性评价值评价表）
4）城市公园绿地文化性评价值（表 B.0.5 城市公园绿地文化性评价值评价表）
5）城市道路绿化评价值（表 B.0.6 城市道路绿化评价值评价表）
6）城市容貌评价值（表 B.0.7 城市容貌评价值评价表）
注：上述表编号均与《城市园林绿化评价标准》GB/T 50563—2010 中的表一致。

第三节 等 级 评 定

根据遥感和专家现场对相关文件、技术台账的准确性和真实性核查落实该城市园林绿化指标数值，按标准进行等级确定。

第二篇
城市园林绿化评价常用资料

第五章 法 律 法 规

第一节 城 市 绿 化 条 例

中华人民共和国国务院令

第 100 号

《城市绿化条例》已经一九九二年五月二十日国务院第一〇四次常务会议通过，现予发布，自一九九二年八月一日起施行。

总理 李鹏
一九九二年六月二十二日

城 市 绿 化 条 例

第一章 总 则

第一条 为了促进城市绿化事业的发展，改善生态环境，美化生活环境，增进人民身心健康，制定本条例。

第二条 本条例适用于在城市规划区内种植和养护树木花草等城市绿化的规划、建设、保护和管理。

第三条 城市人民政府应当把城市绿化建设纳入国民经济和社会发展计划。

第四条 国家鼓励和加强城市绿化的科学研究，推广先进技术，提高城市绿化的科学技术和艺术水平。

第五条 城市中的单位和有劳动能力的公民，应当依照国家有关规定履行植树或者其他绿化义务。

第六条 对在城市绿化工作中成绩显著的单位和个人，由人民政府给予表彰和奖励。

第七条 国务院设立全国绿化委员会，统一组织领导全国城乡绿化工作，其办公室设在国务院林业行政主管部门。

国务院城市建设行政主管部门和国务院林业行政主管部门等，按照国务院规定的职权划分，负责全国城市绿化工作。

地方绿化管理体制，由省、自治区、直辖市人民政府根据本地实际情况规定。

城市人民政府城市绿化行政主管部门主管本行政区域内城市规划区的城市绿化工作。

在城市规划区内，有关法律、法规规定由林业行政主管部门等管理的绿化工作，依照有关法律、法规执行。

第二章　规　划　和　建　设

第八条　城市人民政府应当组织城市规划行政主管部门和城市绿化行政主管部门等共同编制城市绿化规划，并纳入城市总体规划。

第九条　城市绿化规划应当从实际出发，根据城市发展需要，合理安排同城市人口和城市面积相适应的城市绿化用地面积。

城市人均公共绿地面积和绿化覆盖率等规划指标，由国务院城市建设行政主管部门根据不同城市的性质、规模和自然条件等实际情况规定。

第十条　城市绿化规划应当根据当地的特点，利用原有的地形、地貌、水体、植被和历史文化遗址等自然、人文条件，以方便群众为原则，合理设置公共绿地、居住区绿地、防护绿地、生产绿地和风景林地等。

第十一条　城市绿化工程的设计，应当委托持有相应资格证书的设计单位承担。

工程建设项目的附属绿化工程设计方案，按照基本建设程序审批时，必须有城市人民政府城市绿化行政主管部门参加审查。

城市的公共绿地、居住区绿地、风景林地和干道绿化带等绿化工程的设计方案，必须按照规定报城市人民政府城市绿化行政主管部门或者其上级行政主管部门审批。

建设单位必须按照批准的设计方案进行施工。设计方案确需改变时，须经原批准机关审批。

第十二条　城市绿化工程的设计，应当借鉴国内外先进经验，体现民族风格和地方特色。城市公共绿地和居住区绿地的建设，应当以植物造景为主，选用适合当地自然条件的树木花草，并适当配置泉、石、雕塑等景物。

第十三条　城市绿化规划应当因地制宜地规划不同类型的防护绿地。各有关单位应当依照国家有关规定，负责本单位管界内防护绿地的绿化建设。

第十四条　单位附属绿地的绿化规划和建设，由该单位自行负责，城市人民政府城市绿化行政主管部门应当监督检查，并给予技术指导。

第十五条　城市苗圃、草圃、花圃等生产绿地的建设，应当适应城市绿化建设的需要。

第十六条　城市绿化工程的施工，应当委托持有相应资格证书的单位承担。绿化工程竣工后，应当经城市人民政府城市绿化行政主管部门或者该工程的主管部门验收合格后，方可交付使用。

第十七条　城市新建、扩建、改建工程项目和开发住宅区项目，需要绿化的，其基本建设投资中应当包括配套的绿化建设投资，并统一安排绿化工程施工，在规定的期限内完成绿化任务。

第三章　保　护　和　管　理

第十八条　城市的公共绿地、风景林地、防护绿地、行道树及干道绿化带的绿化，由城市人民政府城市绿化行政主管部门管理；各单位管界内的防护绿地的绿化，由该单位按照国家有关规定管理；单位自建的公园和单位附属绿地的绿化，由该单位管理；居住区绿地的绿化，由城市人民政府城市绿化行政主管部门根据实际情况确定的单位管理；城市苗圃、草圃和花圃等，由其经营单位管理。

第十九条　任何单位和个人都不得擅自改变城市绿化规划用地性质或者破坏绿化规划用地的地形、地貌、水体和植被。

第二十条　任何单位和个人都不得擅自占用城市绿化用地；占用的城市绿化用地，应当限期归还。

因建设或者其他特殊需要临时占用城市绿化用地，须经城市人民政府城市绿化行政主管部门同意，并按照有关规定办理临时用地手续。

第二十一条　任何单位和个人都不得损坏城市树木花草和绿化设施。

砍伐城市树木，必须经城市人民政府城市绿化行政主管部门批准，并按照国家有关规定补植树木或者采取其他补救措施。

第二十二条　在城市的公共绿地内开设商业、服务摊点的，必须向公共绿地管理单位提出申请，经城市人民政府城市绿化行政主管部门或者其授权的单位同意后，持工商行政管理部门批准的营业执照，在公共绿地管理单位指定的地点从事经营活动，并遵守公共绿地和工商行政管理的规定。

第二十三条　城市的绿地管理单位，应当建立、健全管理制度，保持树木花草繁茂及绿化设施完好。

第二十四条　为保证管线的安全使用需要修剪树木时，必须经城市人民政府城市绿化行政主管部门批准，按照兼顾管线安全使用和树木正常生长的原则进行修剪。承担修剪费用的办法，由城市人民政府规定。

因不可抗力致使树木倾斜危及管线安全时，管线管理单位可以先行修剪、扶正或者砍伐树木，但是，应当及时报告城市人民政府城市绿化行政主管部门和绿地管理单位。

第二十五条　百年以上树龄的树木，稀有、珍贵树木，具有历史价值或者重要纪念意义的树木，均属古树名木。

对城市古树名木实行统一管理，分别养护。城市人民政府城市绿化行政主管部门，应当建立古树名木的档案和标志，划定保护范围，加强养护管理。在单位管界内或者私人庭院内的古树名木，由该单位或者居民负责养护，城市人民政府城市绿化行政主管部门负责监督和技术指导。

严禁砍伐或者迁移古树名木。因特殊需要迁移古树名木，必须经城市人民政府城市绿化行政主管部门审查同意，并报同级或者上级人民政府批准。

第四章　罚　则

第二十六条　工程建设项目的附属绿化工程设计方案或者城市的公共绿地、居住区绿地、风景林地和干道绿化带等绿化工程的设计方案，未经批准或者未按照批准的设计方案施工的，由城市人民政府城市绿化行政主管部门责令停止施工、限期改正或者采取其他补救措施。

第二十七条　违反本条例规定，有下列行为之一的，由城市人民政府城市绿化行政主管部门或者其授权的单位责令停止侵害，可以并处罚款；造成损失的，应当负赔偿责任；应当给予治安管理处罚的，依照《中华人民共和国治安管理处罚条例》的有关规定处罚；

构成犯罪的，依法追究刑事责任：

（一）损坏城市树木花草的；

（二）擅自修剪或者砍伐城市树木的；

（三）砍伐、擅自迁移古树名木或者因养护不善致使古树名木受到损伤或者死亡的；

（四）损坏城市绿化设施的。

第二十八条 未经同意擅自占用城市绿化用地的，由城市人民政府城市绿化行政主管部门责令限期退还、恢复原状，可以并处罚款；造成损失的，应当负赔偿责任。

第二十九条 未经同意擅自在城市公共绿地内开设商业、服务摊点的，由城市人民政府城市绿化行政主管部门或者其授权的单位责令限期迁出或者拆除，可以并处罚款；造成损失的，应当负赔偿责任。

对不服从公共绿地管理单位管理的商业、服务摊点，由城市人民政府城市绿化行政主管部门或者其授权的单位给予警告，可以并处罚款；情节严重的，由城市人民政府城市绿化行政主管部门取消其设点申请批准文件，并可以提请工商行政管理部门吊销营业执照。

第三十条 对违反本条例的直接责任人员或者单位负责人，可以由其所在单位或者上级主管机关给予行政处分；构成犯罪的，依法追究刑事责任。

第三十一条 城市人民政府城市绿化行政主管部门和城市绿地管理单位的工作人员玩忽职守、滥用职权、徇私舞弊的，由其所在单位或者上级主管机关给予行政处分；构成犯罪的，依法追究刑事责任。

第三十二条 当事人对行政处罚不服的，可以自接到处罚决定通知之日起十五日内，向作出处罚决定机关的上一级机关申请复议；对复议决定不服的，可以自接到复议决定之日起十五日内向人民法院起诉。当事人也可以直接向人民法院起诉。逾期不申请复议或者不向人民法院起诉又不履行处罚决定的，由作出处罚决定的机关申请人民法院强制执行。

对治安管理处罚不服的，依照《中华人民共和国治安管理处罚条例》的规定执行。

第五章 附 则

第三十三条 省、自治区、直辖市人民政府可以依照本条例制定实施办法。

第三十四条 本条例自一九九二年八月一日起施行。

第二节 国务院关于加强城市绿化建设的通知

国务院关于加强城市绿化建设的通知

国发〔2001〕20 号

各省、自治区、直辖市人民政府，国务院各部委、各直属机构：

为了促进城市经济、社会和环境的协调发展，进一步提高城市绿化工作水平，改善城市生态环境和景观环境，现就加强城市绿化建设的有关问题通知如下：

一、充分认识城市绿化的重要意义

城市绿化是城市重要的基础设施，是城市现代化建设的重要内容，是改善生态环境和提高广大人民群众生活质量的公益事业。改革开放以来，特别是90年代以来，我国的城市绿化工作取得了显著成绩，城市绿化水平有了较大提高。但总的看来，绿化面积总量不足，发展不平衡、绿化水平比较低；城市内树木特别是大树少，城市中心地区绿地更少，城市周边地区没有形成以树木为主的绿化隔离林带，建设工程的绿化配套工作不落实。一些城市人民政府的领导对城市绿化工作的重要性缺乏足够的认识；违反城市总体规划和城市绿地系统规划，随意侵占绿地和改变规划绿地性质的现象比较严重；绿化建设资金短缺，养护管理资金严重不足；城市绿化法制建设滞后，管理工作薄弱。

地方各级人民政府和国务院有关部门要充分认识城市绿化对调节气候、保持水土、减少污染、美化环境，促进经济社会发展和提高人民生活质量所起的重要作用，增强对搞好城市绿化工作的紧迫感和使命感，采取有力措施，加强城市绿化建设，提高城市绿化的整体水平。

二、城市绿化工作的指导思想和任务

（一）城市绿化工作的指导思想是：以加强城市生态环境建设，创造良好的人居环境，促进城市可持续发展为中心；坚持政府组织、群众参与、统一规划、因地制宜、讲求实效的原则，以种植树木为主，努力建成总量适宜、分布合理、植物多样、景观优美的城市绿地系统。

（二）今后一个时期城市绿化的工作目标和主要任务是：到2005年，全国城市规划建成区绿地率达到30%以上，绿化覆盖率达到35%以上，人均公共绿地面积达到8平方米以上，城市中心区人均公共绿地达到4平方米以上；到2010年，城市规划建成区绿地率达到35%以上，绿化覆盖率达到40%以上，人均公共绿地面积达到10平方米以上，城市中心区人均公共绿地达到6平方米以上。由于各地城市经济、社会发展状况和自然条件差别很大，各地应根据当地的实际情况确定不同城市的绿化目标。为此，要加强城市规划建成区的绿化建设，尽快改变建成区绿地不足的状况，特别是城市中心区的绿化要有大的改观，要多种树、种大树，增加绿化面积，改善生态质量。加快城市范围内道路和铁路两侧林带、河边、湖边、海边、山坡绿化带建设步伐。建成一批有一定规模、一定水平和分布合理的城市公园，有条件的城市要加快植物园、动物园、森林公园和儿童公园等各类公园的建设。居住区绿化、单位绿化及各类建设项目的配套绿化都要达到《城市绿化规划建设指标的规定》的标准。要大力推进城郊绿化，特别是在特大城市和风沙侵害严重的城市周围形成较大的绿化隔离林带，在城市功能分区的交界处建设绿化隔离带，初步形成各类绿地合理配置，以植树造林为主，乔、灌、花、草有机搭配，城郊一体的城市绿化体系。

三、采取有力措施，加快城市绿化建设步伐

（一）加强和改进城市绿化规划编制工作。地方各级人民政府在组织编制城市总体规划和详细规划时，要高度重视城市绿化工作。城市规划和城市绿化行政主管部门等要密切合作，共同编制好《城市绿地系统规划》。规划中要按规定标准划定绿化用地面积，力求公共绿地分层次合理布局；要根据当地情况，分别采取点、线、面、环等多种形式，切实提高城市绿化水平。要建立并严格实行城市绿化"绿线"管制制度，明确划定各类绿地范围控制线。近期内城市人民政府要对已经批准的城市绿化规划进行一次检查，并将检查结

果向上一级政府作出报告。尚未编制《城市绿地系统规划》的，要在2002年底前完成补充编制工作，并依法报批。对于已经编制，但不符合城市绿化建设要求以及没有划定绿线范围的，要在2001年底前补充、完善。批准后的《城市绿地系统规划》要向社会公布，接受公众监督，各级人民政府应定期组织检查，督促落实。

（二）严格执行《城市绿地系统规划》。要严格按规划确定的绿地进行绿化管理，绿线内的用地不得改作他用，更不能进行经营性开发建设。因特殊需要改变绿地规划、绿地性质的，应报经原批准机关重新审核，报上一级机关审批，并严格按规定程序办理审批手续。在旧城改造和新区建设中，要严格控制建筑密度，尽可能创造条件扩大绿地面积，城市规划和城市绿化行政主管部门要对新建、改建和扩建项目实行跟踪管理。要将城市范围内的河岸、湖岸、海岸、山坡、城市主干道等地带作为"绿线"管理的重点部位。同时，要严格保护重点公园、古典园林、风景名胜区和古树名木。对影响景观环境的建筑、游乐设施等要逐步迁移。

（三）加大城市绿化资金投入，建立稳定的、多元化的资金渠道。城市绿化建设资金是城市公共财政支出的重要组成部分，要坚持以政府投入为主的方针。城市各级财政应安排必要的资金保证城市绿化工作的需要，尤其要加大城市绿化隔离林带和大型公园绿地建设的投入，特别是要增加管理维护资金。国家将通过加大对中西部地区和贫困地区转移支付力度，支持中西部地区城市绿化建设。同时，拓宽资金渠道，引导社会资金用于城市绿化建设。城市的各项建设都应将绿化费用纳入投资预算，并按规定建设绿地。对不能按要求建设绿地或建设绿地面积未达到标准的单位，由城市人民政府绿化行政主管部门依照《城市绿化条例》有关规定，责令其补建并达到规定面积，确保绿化建设。具体办法由省、自治区、直辖市人民政府制定。

（四）保证城市绿化用地。要在继续从严控制城市建设用地的同时，采取多种方式增加城市绿化用地。在城市国有土地上建设公共绿地，土地由当地城市人民政府采取划拨方式提供。国家征用农用地建设公共绿地的，按《中华人民共和国土地管理法》规定的标准给予补偿。各类工程建设项目的配套绿化用地，要一次提供，统一征用，同步建设。在城市规划区周围根据城市总体规划和土地利用规划建设绿化隔离林带，其用地涉及的耕地，可以视作农业生产结构调整用地，不作为耕地减少进行考核。为加快城郊绿化，应鼓励和支持农民调整农业结构，也可采取地方政府补助的办法建设苗圃、公园、运动绿地、经济林和生态林等。

（五）切实搞好城市建成区的绿化。对城市规划建成区内绿地未达到规定标准的，要优化城市用地结构，提高绿化用地在城市用地中的比例。要结合产业结构调整和城市环境综合整治，迁出有污染的企业，增加绿化用地。建成区内闲置的土地要限期绿化，对依法收回的土地要优先用于城市绿化。地方各级人民政府要对城市内的违章建筑进行集中清理整顿，限期拆除，拆除建筑物后腾出的土地尽可能用于绿化。城市的各类房屋建设，应在该建筑所在区位，在规划确定的地点、规定的期限内，按其建筑面积的一定比例建设绿地。各类建设工程要与其配套的绿化工程同步设计、同步施工、同步验收。达不到规定绿化标准的不得投入使用，对确有困难的，可进行异地绿化。要充分利用建筑墙体、屋顶和桥体等绿化条件，大力发展立体绿化。城市绿化行政主管部门要切实加强绿化工程建设的监督管理。要积极实行绿化企业资质审验、绿化工程招投标制度和工程质量监督制度，确保城市绿化质量。市、区、街道和各单位都有义务建设和维护、管理好责任范围内的绿地。

（六）加强城市绿化科研设计工作。要加强城市绿化的基础研究和应用研究，建立健全园林绿化科研机构，增加研究资金。要加强城市绿地系统生物多样性的研究，特别要加强区域性物种保护与开发的研究，注重植物新品种的开发，开展园林植物育种及新品种引进培育的试验。要加强植物病虫害的防治研究和节水技术的研究。加大新成果、新技术的推广力度，大力促进科技成果的转化与应用。要搞好园林绿化设计工作。各城市在园林绿化设计中要借鉴国内外先进经验，体现本地特色和民族风格，突出科学性和艺术性。各地要因地制宜，在植物种类上注重乔、灌、花、草的合理配置，优先发展乔木；园林绿化应以乡土植物为主，积极引进适合在本地区生长发育的园林植物，海关、质量监督检验检疫等部门应积极配合和支持。城市公园和绿地要以植物造景为主，植物配置要以乔木为主，提高绿地的生态效益和景观效益，为人民群众营造更多的绿色休憩空间。

（七）加快城市绿化法制建设。要认真贯彻执行《中华人民共和国城市规划法》、《中华人民共和国森林法》和《城市绿化条例》，并抓紧组织修改《城市绿化条例》，增加对违法行为的处罚条款，加大处罚力度；制定和完善城市绿化技术标准和规范，逐步建立和完善城市绿化法规体系。各地要结合本地实际，制定和完善地方城市绿化法规。城市绿化行政主管部门要依法行政，加强城市绿化行业管理与执法工作，坚决查处侵占绿地、乱伐树木和破坏绿化成果的行为，对违法砍伐树木、侵占绿地的要严厉处罚。建设部和省级城市绿化行政主管部门要加大城市绿化管理工作力度，加强执法检查和监督管理。

四、加强对城市绿化工作的组织领导

（一）各级城市人民政府要把城市绿化作为一项重要工作，列入议事日程。要把城市绿化纳入国民经济和社会发展计划，市长对城市绿化工作负主要责任。要科学决策、正确引导，建立城市绿化目标责任制，保证城市绿地系统规划的实施。

（二）各级人民政府要建立健全城市绿化管理机构，稳定专业技术队伍，保证城市绿化工作的正常开展。城市绿化行政主管部门要加强技术指导。各有关部门要明确责任，密切配合，积极支持城市绿化工作。建设部要加强调查研究，针对城市绿化工作中出现的问题，拟定有关政策措施，指导城市绿化健康发展。城市绿化的项目建设要引入市场机制。

（三）各级人民政府要组织好城市全民义务植树，广泛组织城市适龄居民参加植树绿化活动。要搞好城市全民义务植树规划，严格落实义务植树任务和责任，加强技术指导和苗木基地建设以及苗木供应，确保植树成活率和保存率，保证绿化质量。

（四）继续做好建设园林城市工作。通过明确目标，科学考核，使更多的城市成为园林城市；积极组织开展创建园林小区、园林单位等活动，搞好单位绿化、小区绿化。要开展认建、认养、认管绿地活动，引导和组织群众建纪念林、种纪念树。

城市绿化工作是一项服务当代、造福子孙的伟大事业。各级人民政府及城市绿化行政主管部门一定要加强领导和组织协调，结合各地实际，积极制定加强城市绿化建设的政策措施，切实加强和改进城市绿化工作，促进我国城市绿化事业的健康发展。

建设部要定期对本通知的执行情况进行监督检查，并向国务院作出书面报告。

国务院

二〇〇一年五月三十一日

第三节 城市绿线管理办法

中华人民共和国建设部令

第 112 号

《城市绿线管理办法》已经 2002 年 9 月 9 日建设部第 63 次常务会议审议通过，现予发布，自 2002 年 11 月 1 日起施行。

建设部部长 汪光焘

二○○二年九月十三日

城市绿线管理办法

第一条 为建立并严格实行城市绿线管理制度，加强城市生态环境建设，创造良好的人居环境，促进城市可持续发展，根据《城市规划法》、《城市绿化条例》等法律法规，制定本办法。

第二条 本办法所称城市绿线，是指城市各类绿地范围的控制线。

本办法所称城市，是指国家按行政建制设立的直辖市、市、镇。

第三条 城市绿线的划定和监督管理，适用本办法。

第四条 国务院建设行政主管部门负责全国城市绿线管理工作。

省、自治区人民政府建设行政主管部门负责本行政区域内的城市绿线管理工作。

城市人民政府规划、园林绿化行政主管部门，按照职责分工负责城市绿线的监督和管理工作。

第五条 城市规划、园林绿化等行政主管部门应当密切合作，组织编制城市绿地系统规划。

城市绿地系统规划是城市总体规划的组成部分，应当确定城市绿化目标和布局，规定城市各类绿地的控制原则，按照规定标准确定绿化用地面积，分层次合理布局公共绿地，确定防护绿地、大型公共绿地等的绿线。

第六条 控制性详细规划应当提出不同类型用地的界线、规定绿化率控制指标和绿化用地界线的具体坐标。

第七条 修建性详细规划应当根据控制性详细规划，明确绿地布局，提出绿化配置的原则或者方案，划定绿地界线。

第八条 城市绿线的审批、调整，按照《城市规划法》、《城市绿化条例》的规定进行。

第九条 批准的城市绿线要向社会公布，接受公众监督。

任何单位和个人都有保护城市绿地、服从城市绿线管理的义务，有监督城市绿线管理、对违反城市绿线管理行为进行检举的权利。

第十条 城市绿线范围内的公共绿地、防护绿地、生产绿地、居住区绿地、单位附属绿地、道路绿地、风景林地等，必须按照《城市用地分类与规划建设用地标准》、《公园设计规范》等标准，进行绿地建设。

第十一条 城市绿线内的用地，不得改作他用，不得违反法律法规、强制性标准以及批准的规划进行开发建设。

有关部门不得违反规定，批准在城市绿线范围内进行建设。

因建设或者其他特殊情况，需要临时占用城市绿线内用地的，必须依法办理相关审批手续。

在城市绿线范围内，不符合规划要求的建筑物、构筑物及其他设施应当限期迁出。

第十二条 任何单位和个人不得在城市绿地范围内进行拦河截溪、取土采石、设置垃圾堆场、排放污水以及其他对生态环境构成破坏的活动。

近期不进行绿化建设的规划绿地范围内的建设活动，应当进行生态环境影响分析，并按照《城市规划法》的规定，予以严格控制。

第十三条 居住区绿化、单位绿化及各类建设项目的配套绿化都要达到《城市绿化规划建设指标的规定》的标准。

各类建设工程要与其配套的绿化工程同步设计，同步施工，同步验收。达不到规定标准的，不得投入使用。

第十四条 城市人民政府规划、园林绿化行政主管部门按照职责分工，对城市绿线的控制和实施情况进行检查，并向同级人民政府和上级行政主管部门报告。

第十五条 省、自治区人民政府建设行政主管部门应当定期对本行政区域内城市绿线的管理情况进行监督检查，对违法行为，及时纠正。

第十六条 违反本办法规定，擅自改变城市绿线内土地用途、占用或者破坏城市绿地的，由城市规划、园林绿化行政主管部门，按照《城市规划法》、《城市绿化条例》的有关规定处罚。

第十七条 违反本办法规定，在城市绿地范围内进行拦河截溪、取土采石、设置垃圾堆场、排放污水以及其他对城市生态环境造成破坏活动的，由城市园林绿化行政主管部门责令改正，并处一万元以上三万元以下的罚款。

第十八条 违反本办法规定，在已经划定的城市绿线范围内违反规定审批建设项目的，对有关责任人员由有关机关给予行政处分；构成犯罪的，依法追究刑事责任。

第十九条 城镇体系规划所确定的，城市规划区外防护绿地、绿化隔离带等的绿线划定、监督和管理，参照本办法执行。

第二十条 本办法自二〇〇二年十一月一日起施行。

第四节 城市紫线管理办法

中华人民共和国建设部令

第 119 号

《城市紫线管理办法》已于 2003 年 11 月 15 日建设部第 22 次常务会议审议通过，现予发布，自 2004 年 2 月 1 日起施行。

建设部部长　汪光焘
二〇〇三年十二月十七日

城市紫线管理办法

第一条 为了加强对城市历史文化街区和历史建筑的保护，根据《中华人民共和国城市规划法》、《中华人民共和国文物保护法》和国务院有关规定，制定本办法。

第二条 本办法所称城市紫线，是指国家历史文化名城内的历史文化街区和省、自治区、直辖市人民政府公布的历史文化街区的保护范围界线，以及历史文化街区外经县级以上人民政府公布保护的历史建筑的保护范围界线。本办法所称紫线管理是划定城市紫线和对城市紫线范围内的建设活动实施监督、管理。

第三条 在编制城市规划时应当划定保护历史文化街区和历史建筑的紫线。国家历史文化名城的城市紫线由城市人民政府在组织编制历史文化名城保护规划时划定。其他城市的城市紫线由城市人民政府在组织编制城市总体规划时划定。

第四条 国务院建设行政主管部门负责全国城市紫线管理工作。

省、自治区人民政府建设行政主管部门负责本行政区域内的城市紫线管理工作。

市、县人民政府城乡规划行政主管部门负责本行政区域内的城市紫线管理工作。

第五条 任何单位和个人都有权了解历史文化街区和历史建筑的紫线范围及其保护规划，对规划的制定和实施管理提出意见，对破坏保护规划的行为进行检举。

第六条 划定保护历史文化街区和历史建筑的紫线应当遵循下列原则：

（一）历史文化街区的保护范围应当包括历史建筑物、构筑物和其风貌环境所组成的核心地段，以及为确保该地段的风貌、特色完整性而必须进行建设控制的地区；

（二）历史建筑的保护范围应当包括历史建筑本身和必要的风貌协调区；

（三）控制范围清晰，附有明确的地理坐标及相应的界址地形图。

城市紫线范围内文物保护单位保护范围的划定，依据国家有关文物保护的法律、法规。

第七条 编制历史文化名城和历史文化街区保护规划，应当包括征求公众意见的程序。审查历史文化名城和历史文化街区保护规划，应当组织专家进行充分论证，并作为法定审批程序的组成部分。

市、县人民政府批准保护规划前，必须报经上一级人民政府主管部门审查同意。

第八条 历史文化名城和历史文化街区保护规划一经批准，原则上不得调整。因改善和加强保护工作的需要，确需调整的，由所在城市人民政府提出专题报告，经省、自治区、直辖市人民政府城乡规划行政主管部门审查同意后，方可组织编制调整方案。

调整后的保护规划在审批前，应当将规划方案公示，并组织专家论证。审批后应当报历史文化名城批准机关备案，其中国家历史文化名城报国务院建设行政主管部门备案。

第九条 市、县人民政府应当在批准历史文化街区保护规划后的一个月内，将保护规划报省、自治区人民政府建设行政主管部门备案。其中国家历史文化名城内的历史文化街区保护规划还应当报国务院建设行政主管部门备案。

第十条 历史文化名城、历史文化街区和历史建筑保护规划一经批准，有关市、县人民政府城乡规划行政主管部门必须向社会公布，接受公众监督。

第十一条 历史文化街区和历史建筑已经破坏，不再具有保护价值的，有关市、县人民政府应当向所在省、自治区、直辖市人民政府提出专题报告，经批准后方可撤销相关的城市紫线。

撤销国家历史文化名城中的城市紫线，应当经国务院建设行政主管部门批准。

第十二条 历史文化街区内的各项建设必须坚持保护真实的历史文化遗存，维护街区传统格局和风貌，改善基础设施、提高环境质量的原则。历史建筑的维修和整治必须保持原有外形和风貌，保护范围内的各项建设不得影响历史建筑风貌的展示。

市、县人民政府应当依据保护规划，对历史文化街区进行整治和更新，以改善人居环境为前提，加强基础设施、公共设施的改造和建设。

第十三条 在城市紫线范围内禁止进行下列活动：

（一）违反保护规划的大面积拆除、开发；

（二）对历史文化街区传统格局和风貌构成影响的大面积改建；

（三）损坏或者拆毁保护规划确定保护的建筑物、构筑物和其他设施；

（四）修建破坏历史文化街区传统风貌的建筑物、构筑物和其他设施；

（五）占用或者破坏保护规划确定保留的园林绿地、河湖水系、道路和古树名木等；

（六）其他对历史文化街区和历史建筑的保护构成破坏性影响的活动。

第十四条 在城市紫线范围内确定各类建设项目，必须先由市、县人民政府城乡规划行政主管部门依据保护规划进行审查，组织专家论证并进行公示后核发选址意见书。

第十五条 在城市紫线范围内进行新建或者改建各类建筑物、构筑物和其他设施，对规划确定保护的建筑物、构筑物和其他设施进行修缮和维修以及改变建筑物、构筑物的使用性质，应当依照相关法律、法规的规定，办理相关手续后方可进行。

第十六条 城市紫线范围内各类建设的规划审批，实行备案制度。

省、自治区、直辖市人民政府公布的历史文化街区，报省、自治区人民政府建设行政主管部门或者直辖市人民政府城乡规划行政主管部门备案。其中国家历史文化名城内的历史文化街区报国务院建设行政主管部门备案。

第十七条 在城市紫线范围内进行建设活动，涉及文物保护单位的，应当符合国家有关文物保护的法律、法规的规定。

第十八条 省、自治区建设行政主管部门和直辖市城乡规划行政主管部门，应当定期对保护规划执行情况进行检查监督，并向国务院建设行政主管部门提出报告。

对于监督中发现的擅自调整和改变城市紫线，擅自调整和违反保护规划的行政行为，或者由于人为原因，导致历史文化街区和历史建筑遭受局部破坏的，监督机关可以提出纠正决定，督促执行。

第十九条 国务院建设行政主管部门，省、自治区人民政府建设行政主管部门和直辖市人民政府城乡规划行政主管部门根据需要可以向有关城市派出规划监督员，对城市紫线的执行情况进行监督。

规划监督员行使下述职能：

（一）参与保护规划的专家论证，就保护规划方案的科学合理性向派出机关报告；

（二）参与城市紫线范围内建设项目立项的专家论证，了解公示情况，可以对建设项目的可行性提出意见，并向派出机关报告；

（三）对城市紫线范围内各项建设审批的可行性提出意见，并向派出机关报告；

（四）接受公众的投诉，进行调查，向有关行政主管部门提出处理建议，并向派出机关报告。

第二十条　违反本办法规定，未经市、县人民政府城乡规划行政主管部门批准，在城市紫线范围内进行建设活动的，由市、县人民政府城乡规划行政主管部门按照《城市规划法》等法律、法规的规定处罚。

第二十一条　违反本办法规定，擅自在城市紫线范围内审批建设项目和批准建设的，对有关责任人员给予行政处分；构成犯罪的，依法追究刑事责任。

第二十二条　本办法自 2004 年 2 月 1 日起施行。

第五节　城市蓝线管理办法

中华人民共和国建设部令

第 145 号

《城市蓝线管理办法》已于 2005 年 11 月 28 日经建设部第 80 次常务会议讨论通过，现予发布，自 2006 年 3 月 1 起施行。

建设部部长　汪光焘

二〇〇五年十二月二十日

城市蓝线管理办法

第一条　为了加强对城市水系的保护与管理，保障城市供水、防洪防涝和通航安全，改善城市人居生态环境，提升城市功能，促进城市健康、协调和可持续发展，根据《中华人民共和国城市规划法》、《中华人民共和国水法》，制定本办法。

第二条　本办法所称城市蓝线，是指城市规划确定的江、河、湖、库、渠和湿地等城市地表水体保护和控制的地域界线。

城市蓝线的划定和管理，应当遵守本办法。

第三条　国务院建设主管部门负责全国城市蓝线管理工作。

县级以上地方人民政府建设主管部门（城乡规划主管部门）负责本行政区域内的城市蓝线管理工作。

第四条　任何单位和个人都有服从城市蓝线管理的义务，有监督城市蓝线管理、对违反城市蓝线管理行为进行检举的权利。

第五条　编制各类城市规划，应当划定城市蓝线。

城市蓝线由直辖市、市、县人民政府在组织编制各类城市规划时划定。

城市蓝线应当与城市规划一并报批。

第六条　划定城市蓝线，应当遵循以下原则：

（一）统筹考虑城市水系的整体性、协调性、安全性和功能性，改善城市生态和人居环境，保障城市水系安全；

（二）与同阶段城市规划的深度保持一致；

（三）控制范围界定清晰；

（四）符合法律、法规的规定和国家有关技术标准、规范的要求。

第七条　在城市总体规划阶段，应当确定城市规划区范围内需要保护和控制的主要地表水体，划定城市蓝线，并明确城市蓝线保护和控制的要求。

第八条　在控制性详细规划阶段，应当依据城市总体规划划定的城市蓝线，规定城市蓝线范围内的保护要求和控制指标，并附有明确的城市蓝线坐标和相应的界址地形图。

第九条　城市蓝线一经批准，不得擅自调整。

因城市发展和城市布局结构变化等原因，确实需要调整城市蓝线的，应当依法调整城市规划，并相应调整城市蓝线。调整后的城市蓝线，应当随调整后的城市规划一并报批。

调整后的城市蓝线应当在报批前进行公示，但法律、法规规定不得公开的除外。

第十条　在城市蓝线内禁止进行下列活动：

（一）违反城市蓝线保护和控制要求的建设活动；

（二）擅自填埋、占用城市蓝线内水域；

（三）影响水系安全的爆破、采石、取土；

（四）擅自建设各类排污设施；

（五）其他对城市水系保护构成破坏的活动。

第十一条　在城市蓝线内进行各项建设，必须符合经批准的城市规划。

在城市蓝线内新建、改建、扩建各类建筑物、构筑物、道路、管线和其他工程设施，应当依法向建设主管部门（城乡规划主管部门）申请办理城市规划许可，并依照有关法律、法规办理相关手续。

第十二条　需要临时占用城市蓝线内的用地或水域的，应当报经直辖市、市、县人民政府建设主管部门（城乡规划主管部门）同意，并依法办理相关审批手续；临时占用后，应当限期恢复。

第十三条　县级以上地方人民政府建设主管部门（城乡规划主管部门）应当定期对城市蓝线管理情况进行监督检查。

第十四条　违反本办法规定，在城市蓝线范围内进行各类建设活动的，按照《中华人民共和国城市规划法》等有关法律、法规的规定处罚。

第十五条　县级以上地方人民政府建设主管部门（城乡规划主管部门）违反本办法规定，批准在城市蓝线范围内进行建设的，对有关责任人员依法给予处分；构成犯罪的，依法追究刑事责任。

第十六条　本办法自 2006 年 3 月 1 日起施行。

第六节　城市古树名木保护管理办法

关于印发《城市古树名木保护管理办法》的通知

建城〔2000〕192 号

各省、自治区、直辖市建委（建设厅），直辖市园林局，计划单列市建委，深圳市城管办：

为切实加强城市古树名木保护管理工作，我部制定了《城市古树名木保护管理办法》，现印发给你们，请认真贯彻执行。

中华人民共和国建设部

二〇〇〇年九月一日

城市古树名木保护管理办法

第一条　为切实加强城市古树名木的保护管理工作，制定本办法。

第二条　本办法适用于城市规划区内和风景名胜区的古树名木保护管理。

第三条　本办法所称的古树，是指树龄在一百年以上的树木。

本办法所称的名木，是指国内外稀有的以及具有历史价值和纪念意义及重要科研价值的树木。

第四条　古树名木分为一级和二级。

凡树龄在 300 年以上，或者特别珍贵稀有，具有重要历史价值和纪念意义，重要科研价值的古树名木，为一级古树名木；其余为二级古树名木。

第五条　国务院建设行政主管部门负责全国城市古树名木保护管理工作。

省、自治区人民政府建设行政主管部门负责本行政区域内的城市古树名木保护管理工作。

城市人民政府城市园林绿化行政主管部门负责本行政区域内城市古树名木保护管理工作。

第六条　城市人民政府城市园林绿化行政主管部门应当对本行政区域内的古树名木进行调查、鉴定、定级、登记、编号，并建立档案，设立标志。

一级古树名木由省、自治区、直辖市人民政府确认，报国务院建设行政主管部门备案；二级古树名木由城市人民政府确认，直辖市以外的城市报省、自治区建设行政主管部门备案。

城市人民政府园林绿化行政主管部门应当对城市古树名木，按实际情况分株制定养护、管理方案，落实养护责任单位、责任人，并进行检查指导。

第七条　古树名木保护管理工作实行专业养护部门保护管理和单位、个人保护管理相结合的原则。

生长在城市园林绿化专业养护管理部门管理的绿地、公园等的古树名木，由城市园林绿化专业养护管理部门保护管理；

生长在铁路、公路、河道用地范围内的古树名木，由铁路、公路、河道管理部门保护管理；

生长在风景名胜区内的古树名木，由风景名胜区管理部门保护管理。

散生在各单位管界内及个人庭院中的古树名木，由所在单位和个人保护管理。

变更古树名木养护单位或者个人，应当到城市园林绿化行政主管部门办理养护责任转移手续。

第八条 城市园林绿化行政主管部门应当加强对城市古树名木的监督管理和技术指导，积极组织开展对古树名木的科学研究，推广应用科研成果，普及保护知识，提高保护和管理水平。

第九条 古树名木的养护管理费用由古树名木责任单位或者责任人承担。

抢救、复壮古树名木的费用，城市园林绿化行政主管部门可适当给予补贴。

城市人民政府应当每年从城市维护管理经费、城市园林绿化专项资金中划出一定比例的资金用于城市古树名木的保护管理。

第十条 古树名木养护责任单位或者责任人应按照城市园林绿化行政主管部门规定的养护管理措施实施保护管理。古树名木受到损害或者长势衰弱，养护单位和个人应当立即报告城市园林绿化行政主管部门，由城市园林绿化行政主管部门组织治理复壮。

对已死亡的古树名木，应当经城市园林绿化行政主管部门确认，查明原因，明确责任并予以注销登记后，方可进行处理。处理结果应及时上报省、自治区建设行政主管部门或者直辖市园林绿化行政主管部门。

第十一条 集体和个人所有的古树名木，未经城市园林绿化行政主管部门审核，并报城市人民政府批准的，不得买卖、转让。捐献给国家的，应给予适当奖励。

第十二条 任何单位和个人不得以任何理由、任何方式砍伐和擅自移植古树名木。

因特殊需要，确需移植二级古树名木的，应当经城市园林绿化行政主管部门和建设行政主管部门审查同意后，报省、自治区建设行政主管部门批准；移植一级古树名木的，应经省、自治区建设行政主管部门审核，报省、自治区人民政府批准。

直辖市确需移植一、二级古树名木的，由城市园林绿化行政主管部门审核，报城市人民政府批准移植所需费用，由移植单位承担。

第十三条 严禁下列损害城市古树名木的行为：

（一）树上刻画、张贴或者悬挂物品；

（二）在施工等作业时借树木作为支撑物或者固定物；

（三）树、折枝、挖根摘采果实种子或者剥损树枝、树干、树皮；

（四）距树冠垂直投影 5 米的范围内堆放物料、挖坑取土、兴建临时设施建筑、倾倒有害污水、污物垃圾，动用明火或者排放烟气；

（五）擅自移植、砍伐、转让买卖。

第十四条 新建、改建、扩建的建设工程影响古树名木生长的，建设单位必须提出避让和保护措施。城市规划行政部门在办理有关手续时，要征得城市园林绿化行政部门的同意，并报城市人民政府批准。

第十五条 生产、生活设施等产生的废水、废气、废渣等危害古树名木生长的，有关单位和个人必须按照城市绿化行政主管部门和环境保护部门的要求，在限期内采取措施，清除危害。

第十六条 不按照规定的管理养护方案实施保护管理，影响古树名木正常生长，或者古树名木已受损害或者衰弱，其养护管理责任单位和责任人未报告，并未采取补救措施导致古树名木死亡的，由城市园林绿化行政主管部门按照《城市绿化条例》第二十七条规定予以处理。

第十七条 对违反本办法第十一条、十二条、十三条、十四条规定的，由城市园林绿化行政主管部门按照《城市绿化条例》第二十七条规定，视情节轻重予以处理。

第十八条 破坏古树名木及其标志与保护设施，违反《中华人民共和国治安管理处罚条例》的，由公安机关给予处罚，构成犯罪的，由司法机关依法追究刑事责任。

第十九条 城市园林绿化行政主管部门因保护、整治措施不力，或者工作人员玩忽职守，致使古树名木损伤或者死亡的，由上级主管部门对该管理部门领导给予处分；情节严重、构成犯罪的，由司法机关依法追究刑事责任。

第二十条 本办法由国务院建设行政主管部门负责解释。

第二十一条 本办法自发布之日起施行。

第七节 建设领域信息化工作基本要点

关于印发《建设领域信息化工作基本要点》的通知

建科〔2001〕31 号

各省、自治区建设厅，直辖市建委，部机关有关司局、部直属有关单位：

为全面贯彻落实《中共中央关于加强技术创新，发展高科技，实现产业化的决定》和中共中央十五届五中全会关于加快国民经济和社会信息化要求，我部"十五"期间将大力推进建设领域信息技术的研究开发与推广应用。用信息技术等高新技术改造和提升传统的建设行业，用信息化带动工业化，以工业化促进信息化，同时在建设领域中培育新的经济增长点。为此，我部调整、充实了建设部信息化工作领导小组，制定了《建设领域信息化工作基本要点》。现将《建设领域信息化工作基本要点》及调整后建设部信息化工作领导小组、领导小组办公室人员名单印发给你们，希望你们根据部信息化工作的总体部署，充实和调整组织机构，加强领导，制定相应工作计划，推进信息化工作的全面开展。

中华人民共和国建设部

二〇〇一年二月八日

建设领域信息化工作基本要点

一、总体目标

1. 建设适合我国国情的建设工作信息化系统，实现全国建设系统范围内的信息共享与业务应用，提高各级建设行政管理部门的决策水平、管理水平和为公众、为企业的服务水平，实现政务公开、透明的目标。

2. 积极开展信息技术的应用研究，促进技术成果推广与转化，培育和推进建设领域信息产业市场的有序发展，用信息化带动工业化，以工业化促进信息化。

二、主要任务

1. 组织制订建设系统各行业信息化规划和技术政策，建立建设系统各行业信息化技术应用标准体系，规范建设领域信息市场行为。

2. 推动建设部机关及直属单位和地方建设行政主管部门及企事业单位信息工作健康有序地开展。

3. 引导并规范建设领域相关企业利用信息技术提升、改造传统产业，推动行业技术进步和职工队伍素质的提高。

4. 组织实施建设系统各行业综合网（站）与若干专业网（站）建设，提高为社会公众信息服务水平。

5. 抓好部机关办公自动化建设；促进地方建设主管部门办公自动化建设。

三、具体工作

1. 充实、调整组织领导机构，加强规划、政策制定。

（1）充实、调整部信息化工作领导小组和领导小组办公室。

（2）在科技司内成立信息产业处。

（3）设立专家组。

（4）组织修订《全国建设系统信息化五年发展规划》。

（5）制定《建设部信息化工作指导意见》。

（6）制定《建设行业软硬件评测管理办法》。

（7）召开全国建设信息化工作会议。

2. 组织编制实施建设部信息技术研究开发计划，开展攻关研究。

（1）制定建设系统信息化总体技术方案。

（2）组织建设系统各行业信息化关键技术研究。

（3）研究开发有关业务应用系统。

（4）组织编制建设系统信息化的技术标准。

3. 积极推进信息发布平台建设，促进建设信息共享。

（1）建设和完善建设系统综合网——全国建设信息网。

（2）加快中国工程建设与建筑业信息网的建设。

（3）尽快启动中国住宅与房地产信息网的建设。

（4）指导各地城乡规划和市政公用局域网建设。

（5）确定政府网站、商业网站的发展方向及目标，协调、引导部直属单位商业网站建设与发展。

（6）建立行业权威数据库。

（7）抓好部机关办公自动化工作，积极推进相关业务上网，解决信息资源渠道建设问题。

4. 开展建设系统信息技术应用软硬件评测工作，推动软件产业发展。

（1）进一步开展行业信息化需求分析研究。

（2）组织软硬件评测，制定相关标准。

（3）选择不同类型的城市、行业和企业开展信息化示范工作。

（4）开展人才培训，提高行业从业人员素质。

5. 开展国际合作

积极开展与美国、日本、新加坡等国政府和民间的交流与合作。

四、技术路线

1. 以组织实施国家"十五"科技攻关项目《城市规划、建设、管理与服务的数字化工程》为契机，以中国工程建设与建筑业信息网和中国住宅与房地产信息网建设为重点，全面启动建设领域信息化工作。

2. 通过开展建设领域各行业软硬件评测工作，摸清技术现状，保证系统整体质量，并在已有技术基础上，开展信息化的研究开发与推广应用工作。

3. 通过各种类型的试点、示范，正确引导和推动建设领域信息化工作的开展。

第八节　关于加强城市生物多样性保护工作的通知

关于加强城市生物多样性保护工作的通知

建城〔2002〕249 号

各省、自治区建设厅，直辖市建委、园林局，新疆建设兵团建设局，解放军总后勤部营房部：

生物多样性是人类赖以生存和发展的基础。加强城市生物多样性的保护工作，对于维护生态安全和生态平衡、改善人居环境等具有重要意义。为切实加强城市生物多样性保护工作，根据国务院领导的指示精神，通知如下：

一、提高认识，增强生物多样性保护工作的紧迫感

生物多样性保护工作在国际生物多样保护工作中有重要地位和特殊意义。1992 年 6 月在联合国召开的环境与发展大会上，通过了《生物多样性公约》。我国是生物物种极为丰富的国家，我国政府于 1993 年正式批准加入该公约。随后，国务院批准了《中国生物多样性保护行动计划》、《中国生物多样性保护国家报告》。近年来，我国生物多样性保护工作取得明显成效。

但一些地方城市对生物多样性保护工作没有引起足够的重视，本土化、乡土化的物种保护和利用不够；片面追求大草坪、大广场的建设；大量引进国外的草种、树种和花卉；盲目大面积更换城市树种；大量移栽大树、古树；自然植物群落和生态群落破坏严重；城市园林绿化植物物种减少、品种单一；盲目填河、填沟、填湖；城市河流、湖泊、沟渠、沼泽地、自然湿地面临高强度开发建设；完整的良性循环的城市生态系统和生态安全面临威胁，部分地区的生态环境开始恶化。因此，各级城乡建设（园林）部门急需将加强生物多样性保护工作作为一项重点工作和紧迫任务抓紧抓好。

二、开展生物资源调查，制定和实施生物多样性保护计划

各省、自治区建设厅、直辖市园林局要组织开展城市规划区内的生物多样性物种资源的普查。各城市要尽快组织编制《生物多样性保护规划》和实施计划；有条件的城市和园林科研机构要加强生物多样性的研究，积极开展生物资源生态系统调查、生态环境及物种变化的监测、生物资源（特别是乡土物种和濒危物种）的调查和检测；生物多样性的重点地区要强化措施，切实加强珍稀、濒危物种的繁育和研究基地建设。

要高度重视和切实加强自然的植物群落和生态群落的保护。对城市规划区内的河湖、池塘、坡地、沟渠、沼泽地、自然湿地、茶园、果园等生态和景观的敏感区域，各级园林绿化行政主管部门要按照《城市绿线管理办法》（建设部令第 112 号）的规定，编制保护利用规划，划定绿线，严格保护，永续利用。

要划定国家重点生物多样性保护区。对生物多样性丰富和生态系统多样化的地区、稀有濒危物种自然分布的地区、物种多样性受到严重威胁的地区、既有独特的多样性生态系统的地区，以及跨地区生物多样性重点地区，建设部和各地园林绿化行政主管部门要将其列入重点生物多样性保护区，严格保护其系统内生物的繁衍与进化，维持系统内的物质能量流动与生态过程。各省市要采取切实措施，确定保护范围、健全保护机构、制定保护法规，促进重点地区、重点区域的生物多样性保护管理工作。

三、突出重点，做好生物多样性保护管理工作

生物多样性保护工作主要是保护生态系统的多样性、物种的多样性和遗传基因的多样性。

各地要结合本地的实际情况，突出做好就地保护、移地保护工作，积极进行优良的园林绿化材料的遗传驯化，加强和促进本地乡土物种的保护和合理利用。要按国务院《城市绿化条例》"苗圃面积占建城区面积的 2％"的规定，加快苗圃、花圃、草圃建设，尤其是要注重加强大苗培育基地建设，加强乡土树种的保护培育，引进培育适宜树种，丰富植物物种多样性。

要注重和加强珍稀濒危物种的移地保护。全面贯彻执行《城市古树名木保护管理办法》，对古树名木要普查建档，划定保护范围，落实责任单位，落实责任人，落实养护管理资金。对城市现有的绿地和树木实施就地保护。凡大批量的大树迁移和大规模的树木抚育更新的，要组织专家论证签署意见，并经省级园林绿化行政主管部门批准。

对公共绿地、居住区绿地、道路绿化、风景林地、单位附属绿地、防护绿地建设，要加强植物配置设计的审批，合理界定植物品种的数量，丰富植物物种。要按照《道路绿化设计规范》的规定，进行道路绿化的规划建设，每条主干道都要按规定建设绿地游园，各城市都要建设园林景观路。

加快动物园、植物园等建设，充分发挥公园在生物多样性研究和保护中的重要作用。到2005 年每个市辖区、县都要有公园。2010 年争取在建成区的主要街区建有一座公园。注重发挥公园在生物多样性方面的科普教育阵地的作用，不断提高公众的生物多样性保护的意识。

四、切实加强生物多样性保护管理工作的领导

加强城市生物多样性保护工作是各级建设（园林）部门的重要职责。国务院批准的建设部"三定方案"规定了建设部指导城市规划区内生物多样性保护工作的管理职能。2001年 5 月，国务院发布的《国务院关于加强城市绿化建设的通知》也明确提出，"要加强城市绿地系统生物多样性的研究，特别要加强区域性物种保护与开发的研究"。

各地建设（园林）部门要会同有关部门，认真履行生物多样性保护职责，切实做好本

地区的生物多样性保护。各地园林绿化行政主管部门要把多样性保护作为重要的职责和主要工作来抓，要配备专门人员、落实相应资金，研究制定生物多样性保护工作的政策措施，加强对生物多样的宣传教育，切实搞好生物多样性的保护和管理工作。

中华人民共和国建设部
二〇〇二年十一月六日

第九节　关于建设节约型城市园林绿化的意见

建城〔2007〕215 号

各省、自治区建设厅，直辖市园林（绿化）局，新疆生产建设兵团建设局，总后营房部：

为全面落实科学发展观，加快建设节约型社会，促进城市建设健康发展，现就建设节约型城市园林绿化提出如下意见：

一、充分认识建设节约型城市园林绿化的重要意义

城市园林绿化是城市重要的基础设施，是改善城市生态环境的主要载体，是重要的社会公益事业，是政府的重要职责。改革开放以来，特别是 2001 年国务院召开全国城市绿化工作会议以来，我国城市园林绿化水平有了较大提高，生态环境质量不断改善，人居环境不断优化，城市面貌明显改观，为促进城市生态环境建设和城市可持续发展做出了积极贡献。

但是随着社会经济和城市建设的快速发展，城市土地、水资源和生态环境等面临着巨大压力，矛盾日益突出。一些地方违背生态发展和建设的科学规律，急功近利，盲目追求建设所谓的"森林城市"，出现了大量引进外来植物，移种大树古树等高价建绿、铺张浪费的现象，使城市所依托的自然环境和生态资源遭到了破坏，也偏离了我国城市园林绿化事业可持续发展的方向。

建设节约型城市园林绿化是要按照自然资源和社会资源循环与合理利用的原则，在城市园林绿化规划设计、建设施工、养护管理、健康持续发展等各个环节中最大限度地节约各种资源，提高资源使用效率，减少资源消耗和浪费，获取最大的生态、社会和经济效益。建设节约型城市园林绿化是落实科学发展观的必然要求，是构筑资源节约型、环境友好型社会的重要载体，是城市可持续性发展的生态基础，是我国城市园林绿化事业必须长期坚持的发展方向。

各地建设（规划、园林绿化）主管部门要从战略和全局发展的高度，充分认识建设节约型园林绿化的重要性和紧迫性，切实抓好各项工作的落实。

二、指导思想与基本原则

（一）指导思想

按照建设资源节约型、环境友好型社会的要求，全面落实科学发展观，因地制宜、合理投入、生态优先、科学建绿，将节约理念贯穿于规划、建设、管理的全过程，引导和实现城市园林绿化发展模式的转变，促进城市园林绿化的可持续发展。

（二）基本原则

（1）坚持提高土地使用效率的原则。通过改善植物配置、增加乔木种植量等措施，努

力增加单位绿地生物量，提高土地的使用效率和产出效益。

（2）坚持提高资金使用效率的原则。通过科学规划、合理设计、积极投入、精心管理等措施，降低建设成本和养护成本，提高资金使用效率。

（3）坚持政府主导、社会参与的原则。强化政府在资源协调、理念引导、规划控制、政策保障和技术推广等方面的作用，积极引导、推动全社会广泛参与，在全社会树立节约型、生态型、可持续发展的园林绿化理念。

（4）坚持生态优先、功能协调的原则。以争取城市绿地生态效益最大化为目标，通过城市绿地与历史、文化、美学、科技的融合，实现城市园林绿化生态、景观、游憩、科教、防灾等多种功能的协调发展。

三、建设节约型城市园林绿化的主要措施

（一）严格保护现有绿化成果。保护现有绿地是建设节约型园林绿化的前提，要加强对城市所依托的山坡林地、河湖水系、湿地等自然生态敏感区域的保护，维持城市地域自然风貌，反对过分改变自然形态的人工化、城市化倾向。在城市开发建设中，要保护原有树木，特别要严格保护大树、古树；在道路改造过程中，反对盲目地大规模更换树种和绿地改造，禁止随意砍伐和移植行道树；坚决查处侵占、毁坏绿地和随意改变绿地性质等破坏城市绿化的行为。

（二）合理利用土地资源。土地资源是城市园林绿化的基础，要确保城市园林绿化用地，同时按照节约和集约利用土地的原则，合理规划园林绿化建设用地。在有效整合城市土地资源的前提下，尽最大可能满足城市绿化建设用地的需求；在建设中要尽可能保持原有的地形地貌特征，减少客土使用，反对盲目改变地形地貌、造成土壤浪费的建设行为；要通过合理配置绿化植物、改良土壤等措施，实现植物正常生长与土壤功效的提高。

（三）加强科学规划设计。要通过科学的植物配置，增加乔灌木地被种植量，努力增加单位绿地生物量，充分利用有限的土地资源实现绿地生态效益的最大化。要适当降低草坪比例，减少雕塑等建筑小品和大型喷泉的使用。对现有草坪面积过大的绿地，要合理补植乔灌木、地被植物和宿根花卉。要加强城市绿化隔离带、城市道路分车带和行道树的绿化建设，增加隔离带上乔木种植的比重，建设林荫道路。要推广立体绿化，在一切可以利用的地方进行垂直绿化，有条件的地区要推广屋顶绿化。

（四）推动科技进步。要加大节约型园林绿化各项相关技术的攻关力度，针对不同地区建设节约型园林绿化的突出矛盾和优势，建设一批示范工程，对相关的新技术、新工艺、新设备、新材料等研究成果，进行广泛推广和应用。要加大对园林绿化科研工作的投入，落实科研经费，充实科研队伍，增强科研人员的素质，提高科学研究和成果推广能力，推动城市开展节约型园林绿化工作。

（五）积极提倡应用乡土植物。在城市园林绿地建设中，要优先使用成本低、适应性强、本地特色鲜明的乡土树种，积极利用自然植物群落和野生植被，大力推广宿根花卉和自播能力较强的地被植物，营造具有浓地方特色和郊野气息的自然景观。反对片面追求树种高档化、不必要的反季节种树，以及引种不适合本地生长的外来树种等倾向。要推进乡土树种和适生地被植物的选优、培育和应用，培养一批耐旱、耐碱、耐阴、耐污染的树种。

（六）大力推广节水型绿化技术。在水资源匮乏地区，推广节水型绿化技术是必然选择。要加快研究和推广使用节水耐旱的植物；推广使用微喷、滴灌、渗灌等先进节水技术，科学合理地调整灌溉方式；积极推广使用中水；注重雨水拦蓄利用，探索建立集雨型绿地。

（七）实施自然生态建设。要积极推进城市河道、景观水体护坡驳岸的生态化、自然化建设与修复。建设生态化广场和停车场，尽量减少硬质铺装的比例，植树造荫。铺装地面尽量采用透气透水的环保型材料，提高环境效益。鼓励利用城市湿地进行污水净化。通过堆肥、发展生物质燃料、有机营养基质和深加工等方式处理修剪的树枝，减少占用垃圾填埋库容，实现循环利用。坚决纠正在绿地中过多使用高档材料、配置昂贵灯具、种植假树假花等不良倾向。

四、加强节约型城市园林绿化工作的组织领导

（一）明确分工，落实责任。各地建设（规划、园林绿化）主管部门要把思想统一到科学发展观上来，牢固树立节约型园林绿化的意识，将建设节约型城市园林绿化列入重要议事日程，制订具体实施方案。要统一思想，明确分工、目标和责任，确保认识到位、责任到位、措施到位。

（二）加强法规配套建设。各地建设（规划、园林绿化）主管部门要严格按照《城市规划法》、《城市绿化条例》等相关规定，不断加大执法力度，落实绿线管制制度。城市绿线必须向社会公布，接受社会监督，保护建设成果。要结合节约型园林绿化的要求，梳理现有法规规章，加快修订、完善园林绿化相关法规和标准，将节约型园林绿化作为重要内容纳入技术标准和规范，使节约型园林绿化的要求更加具体化、更具有可操作性。

（三）严格审核规划设计方案，加强监督检查。城市规划主管部门要会同城市园林绿化主管部门，按照节约型园林绿化的要求，严格审查规划设计方案。要组织专家对规划设计方案进行充分论证，将节约型园林绿化的具体要求落实到方案的评审标准中，从源头上制止不切实际，不尊重科学以及铺张浪费的行为，杜绝高价设计、高价建绿的问题。各地建设、园林绿化主管部门要加强对园林绿化建设、养护管理的监督检查，大力推广节约型管理模式，走节约型、可持续性发展的园林绿化道路。

（四）加强依法监督与管理。要建立健全各项管理和监督机制，保障节约型园林绿化工作有效推进。各地建设（规划、园林绿化）主管部门要在近期开展一次大检查，对于不符合节约型园林绿化要求的在建项目要责令其停建、整改；对于不符合要求的已建项目要逐步进行改造和完善。建设部在人居奖审查等环节将节约型园林绿化作为重要的考核内容，对于发生侵占绿地、破坏绿化成果等重大事件的，实行一票否决。

建设节约型城市园林绿化，是我国城市建设和发展进程的一项重要的长期任务。各地建设（规划、园林绿化）主管部门要在实践过程中不断总结经验，因势利导，结合城市所处地域的自然资源状况和地带气候特征，科学地制订实施方案，以高度的历史责任感和使命感，切实推进节约型城市园林绿化工作。

中华人民共和国建设部
二〇〇七年八月三十日

第六章 标 准 规 范

第一节 城市绿地分类标准

（CJJ/T 85—2002 J 185—2002）

关于发布行业标准《城市绿地分类标准》的通知

建标［2002］135 号

各省、自治区建设厅，直辖市建委及有关部门，新疆生产建设兵团建设局，国务院有关部门，各有关协会：

根据我部《关于印发〈一九九三年工程建设城建，建工行业标准制订、修订项目计划〉的通知》（建标［1993］699 号）的要求，北京北林地景园林规划设计院有限责任公司主编的《城市绿地分类标准》，经我部审查，现批准为行业的标准，编号为 GJJ/T 85—2002，自 2002 年 9 月 1 日起施行。

本标准由建设部负责管理，北京北林地景园林规划设计院有限责任公司负责具体技术内容的解释，建设部标准定额研究所组织中国建筑工业出版社出版发行。

中华人民共和国建设部

2002 年 6 月 3 日

前 言

根据建设部建标［1993］699 号文的要求，标准编制组在广泛调查研究，认真总结实践经验，参考有关国际标准和国内先进标准，并广泛征求意见的基础上，制定了本标准。

本标准的主要技术内容是：1. 城市绿地分类；2. 城市绿地的计算原则与方法。

本标准由建设部负责管理，授权由主编单位负责具体技术内容的解释。

本标准主编单位是：北京北林地景园林规划设计院有限责任公司（原北京林业大学园林规划建筑设计院，地址：北京市清华东路 35 号北京林业大学 122 信箱；邮政编码：100083）。

本标准参编单位是：建设部城市建设研究院、北京市城市规划设计研究院、武汉市城市规划设计研究院、海南省三亚市园林局、山东省城乡规划设计研究院、上海市园林局。

本标准主要起草人是：徐波、李金路、赵锋、曹礼昆、高仁凤、吴淑琴、陈世平、肖志中、江长桥、王胜永、张文娟、孙国强。

城市绿地分类标准

1 总则

1.0.1 为统一全国城市绿地（以下简称为"绿地"）分类，科学地编制、审批、实施城市绿地系统（以下简称为"绿地系统"）规划，规范绿地的保护、建设和管理，改善城市生态环境，促进城市的可持续发展，制定本标准。

1.0.2 本标准适用于绿地的规划、设计、建设、管理和统计等工作。

1.0.3 绿地分类除执行本标准外，尚应符合国家现行有关强制性标准的规定。

2 城市绿地分类

2.0.1 绿地应按主要功能进行分类，并与城市用地分类相对应。

2.0.2 绿地分类应采用大类、中类、小类三个层次。

2.0.3 绿地类别应采用英文字母与阿拉伯数字混合型代码表示。

2.0.4 绿地具体分类应符合表 2.0.4 的规定。

表 2.0.4 绿 地 分 类

类别代码 大类	类别代码 中类	类别代码 小类	类别名称	内 容 与 范 围	备 注
G_1			公园绿地	向公众开放，以游憩为主要功能，兼具生态、美化、防灾等作用的绿地	
	G_{11}		综合公园	内容丰富，有相应设施，适合于公众开展各类户外活动的规模较大的绿地	
		G_{111}	全市性公园	为全市居民服务，活动内容丰富、设施完善的绿地	
		G_{112}	区域性公园	为市区内一定区域的居民服务，具有较丰富的活动内容和设施完善的绿地	
	G_{12}		社区公园	为一定居住用地范围内的居民服务，具有一定活动内容和设施的集中绿地	不包括居住组团绿地
		G_{121}	居住区公园	服务于一个居住区的居民，具有一定活动内容和设施，为居住区配套建设的集中绿地	服务半径：0.5～1.0km
		G_{122}	小区游园	为一个居住小区的居民服务、配套建设的集中绿地	服务半径：0.3～0.5km
	G_{13}		专类公园	具有特定内容或形式，有一定游憩设施的绿地	
		G_{131}	儿童公园	单独设置，为少年儿童提供游戏及开展科普、文体活动，有安全、完善设施的绿地	
		G_{132}	动物园	在人工饲养条件下，移地保护野生动物，供观赏、普及科学知识、进行科学研究和动物繁育，并具有良好设施的绿地	

类别代码			类别名称	内容与范围	备注
大类	中类	小类			
G1	G13	G133	植物园	进行植物科学研究和引种驯化，并供观赏、游憩及开展科普活动的绿地	
		G134	历史名园	历史悠久，知名度高，体现传统造园艺术并被审定为文物保护单位的园林	
		G135	风景名胜公园	位于城市建设用地范围内，以文物古迹、风景名胜点（区）为主形成的具有城市公园功能的绿地	
		G136	游乐公园	具有大型游乐设施，单独设置，生态环境较好的绿地	绿化占地比例应大于等于65%
		G137	其他专类公园	除以上各种专类公园外具有特定主题内容的绿地。包括雕塑园、盆景园、体育公园、纪念性公园等	绿化占地比例应大于等于65%
	G14		带状公园	沿城市道路、城墙、水滨等，有一定游憩设施的狭长形绿地	
	G15		街旁绿地	位于城市道路用地之外，相对独立成片的绿地，包括街道广场绿地、小型沿街绿化用地等	绿化占地比例应大于等于65%
G2			生产绿地	为城市绿化提供苗木、花草、种子的苗圃、花圃、草圃等圃地	
G3			防护绿地	城市中具有卫生、隔离和安全防护功能的绿地。包括卫生隔离带、道路防护绿地、城市高压走廊绿带、防风林、城市组团隔离带等	
G4			附属绿地	城市建设用地中绿地之外各类用地中的附属绿化用地。包括居住用地、公共设施用地、工业用地、仓储用地、对外交通用地、道路广场用地、市政设施用地和特殊用地中的绿地	
	G41		居住绿地	城市居住用地内社区公园以外的绿地，包括组团绿地、宅旁绿地、配套公建绿地、小区道路绿地等	
	G42		公共设施绿地	公共设施用地内的绿地	
	G43		工业绿地	工业用地内的绿地	
	G44		仓储绿地	仓储用地内的绿地	
	G45		对外交通绿地	对外交通用地内的绿地	
	G46		道路绿地	道路广场用地内的绿地，包括行道树绿带、分车绿带、交通岛绿地、交通广场和停车场绿地等	
	G47		市政设施绿地	市政公用设施用地内的绿地	
	G48		特殊绿地	特殊用地内的绿地	

89

续表 2.0.4

类别代码			类别名称	内 容 与 范 围	备 注
大类	中类	小类			
G_5			其他绿地	对城市生态环境质量、居民休闲生活、城市景观和生物多样性保护有直接影响的绿地。包括风景名胜区、水源保护区、郊野公园、森林公园、自然保护区、风景林地、城市绿化隔离带、野生动植物园、湿地、垃圾填埋场恢复绿地等	

3 城市绿地的计算原则与方法

3.0.1 计算城市现状绿地和规划绿地的指标时，应分别采用相应的城市人口数据和城市用地数据；规划年限、城市建设用地面积、规划人口应与城市总体规划一致，统一进行汇总计算。

3.0.2 绿地应以绿化用地的平面投影面积为准，每块绿地只应计算一次。

3.0.3 绿地计算的所用图纸比例、计算单位和统计数字精确度均应与城市规划相应阶段的要求一致。

3.0.4 绿地的主要统计指标应按下列公式计算。

$$A_{g1m} = A_{g1}/N_p \qquad (3.0.4\text{-}1)$$

式中 A_{g1m}——人均公园绿地面积（m^2/人）；

$\quad\quad A_{g1}$——公园绿地面积（m^2）；

$\quad\quad N_p$——城市人口数量（人）。

$$A_{gm} = (A_{g1} + A_{g2} + A_{g3} + A_{g4})/N_p \qquad (3.0.4\text{-}2)$$

式中 A_{gm}——人均绿地面积（m^2/人）；

$\quad\quad A_{g1}$——公园绿地面积（m^2）；

$\quad\quad A_{g2}$——生产绿地面积（m^2）；

$\quad\quad A_{g3}$——防护绿地面积（m^2）；

$\quad\quad A_{g4}$——附属绿地面积（m^2）；

$\quad\quad N_p$——城市人口数量（人）。

$$\lambda_g = [(A_{g1} + A_{g2} + A_{g3} + A_{g4})/A_c] \times 100\% \qquad (3.0.4\text{-}3)$$

式中 λ_g——绿地率（%）；

$\quad\quad A_{g1}$——公园绿地面积（m^2）；

$\quad\quad A_{g2}$——生产绿地面积（m^2）；

$\quad\quad A_{g3}$——防护绿地面积（m^2）；

$\quad\quad A_{g4}$——附属绿地面积（m^2）；

$\quad\quad A_c$——城市的用地面积（m^2）。

3.0.5 绿地的数据统计应按表 3.0.5 的格式汇总。

3.0.6 城市绿化覆盖率应作为绿地建设的考核指标。

表 3.0.5　城市绿地统计表

序号	类别代码	类别名称	绿地面积（hm²）		绿地率（%）（绿地占城市建设用地比例）		人均绿地面积（m²/人）		绿地占城市总体规划用地比例（%）	
			现状	规划	现状	规划	现状	规划	现状	规划
1	G₁	公园绿地								
2	G₂	生产绿地								
3	G₃	防护绿地								
小　计										
4	G₄	附属绿地								
中　计										
5	G₅	其他绿地								
合　计										

注：—年现状城市建设用地＿＿＿ hm²，现状人口＿＿＿万人；

　　—年规划城市建设用地＿＿＿ hm²，规划人口＿＿＿万人；

　　—年城市总体规划用地＿＿＿ hm²。

本标准用词说明

1. 为便于在执行本标准条文时区别对待，对要求严格程度不同的用词说明如下：

（1）表示很严格，非这样做不可的：

　　　正面词采用"必须"；

　　　反面词采用"严禁"。

（2）表示严格，在正常情况下均应这样做的：

　　　正面词采用"应"；

　　　反面词采用"不应"或"不得"。

（3）表示允许稍有选择，在条件许可时首先应这样做的：

　　　正面词采用"宜"；

　　　反面词采用"不宜"。

　　　表示有选择，在一定条件下可以这样做的，采用"可"。

2. 条文中指明应按其他有关标准执行的写法为："应按……执行"，或"应符合……要求（或规定）"。

第二节　城市道路绿化规划与设计规范
CJJ 75—97

关于发布行业标准《城市道路绿化规划与设计规范》的通知

建标〔1997〕259 号

各省、自治区、直辖市建委（建设厅），计划单列市建委，国务院有关部门：

91

根据原城乡建设环境保护部（88）城标字第 141 号文的要求，由中国城市规划设计研究院主编的《城市道路绿化规划与设计规范》业经审查，现批准为行业标准，编号 CJJ 75—97，自 1998 年 5 月 1 日起施行。

本规范由建设部城市规划标准技术归口单位中国城市规划设计研究院归口管理，其具体解释工作由中国城市规划设计研究院负责。

本规范由建设部标准定额研究所组织出版。

中华人民共和国建设部
1997 年 10 月 8 日

城市道路绿化规划与设计规范

1 总则

1.0.1 为发挥道路绿化在改善城市生态环境和丰富城市景观中的作用，避免绿化影响交通安全，保证绿化植物的生存环境，使道路绿化规划设计规范化，提高道路绿化规划设计水平，制定本规范。

1.0.2 本规范适用于城市的主干路、次干路、支路、广场和社会停车场的绿地规划与设计。

1.0.3 道路绿化规划与设计应遵循下列原则：

1.0.3.1 道路绿化应以乔木为主，乔木、灌木、地被植物相结合，不得裸露土壤；

1.0.3.2 道路绿化应符合行车视线和行车净空要求；

1.0.3.3 绿化树木与市政公用设施的相互位置应统筹安排，并应保证树木有需要的立地条件与生长空间；

1.0.3.4 植物种植应适地适树，并符合植物间伴生的生态习性；不适宜绿化的土质，应改善土壤进行绿化；

1.0.3.5 修建道路时，宜保留有价值的原有树木，对古树名木应予以保护；

1.0.3.6 道路绿地应根据需要配备灌溉设施；道路绿地的坡向、坡度应符合排水要求并与城市排水系统结合，防止绿地内积水和水土流失；

1.0.3.7 道路绿化应远近期结合。

1.0.4 道路绿化规划与设计除应执行本规范外，尚应符合国家现行有关标准的规定。

2 术语

2.0.1 道路绿地

道路及广场用地范围内的可进行绿化的用地。道路绿地分为道路绿带、交通岛绿地、广场绿地和停车场绿地。

2.0.2 道路绿带

道路红线范围内的带状绿地。道路绿带分为分车绿带、行道树绿带和路侧绿带。

2.0.3 分车绿带

车行道之间可以绿化的分隔带，其位于上下行机动车道之间的为中间分车绿带；位于机动车道与非机动车道之间或同方向机动车道之间的为两侧分车绿带。

2.0.4　行道树绿带

布设在人行道与车行道之间，以种植行道树为主的绿带。

2.0.5　路侧绿带

在道路侧方，布设在人行道边缘至道路红线之间的绿带。

2.0.6　交通岛绿地

可绿化的交通岛用地。交通岛绿地分为中心岛绿地、导向岛绿地和立体交叉绿岛。

2.0.7　中心岛绿地

位于交叉路口上可绿化的中心岛用地。

2.0.8　导向岛绿地

位于交叉路口上可绿化的导向岛用地。

2.0.9　立体交叉绿岛

互通式立体交叉干道与匝道围合的绿化用地。

2.0.10　广场、停车场绿地

广场、停车场用地范围内的绿化用地。

2.0.11　道路绿地率

道路红线范围内各种绿带宽度之和占总宽度的百分比。

2.0.12　园林景观路

在城市重点路段，强调沿线绿化景观，体现城市风貌、绿化特色的道路。

2.0.13　装饰绿地

以装点、美化街景为主，不让行人进入的绿地。

2.0.14　开放式绿地

绿地中铺设游步道，设置坐凳等，供行人进入游览休息的绿地。

2.0.15　通透式配置

绿地上配植的树木，在距相邻机动车道路面高度 0.9 至 3.0m 之间的范围内，其树冠不遮挡驾驶员视线的配置方式。

3　道路绿化规划

3.1　道路绿地率指标

3.1.1　在规划道路红线宽度时，应同时确定道路绿地率。

3.1.2　道路绿地率应符合下列规定：

　3.1.2.1　园林景观路绿地率不得小于 40%；

　3.1.2.2　红线宽度大于 50m 的道路绿地率不得小于 30%；

　3.1.2.3　红线宽度在 40～50m 的道路绿地率不得小于 25%；

　3.1.2.4　红线宽度小于 40m 的道路绿地不得小于 20%。

3.2　道路绿地布局与景观规划

3.2.1　道路绿地布局应符合下列规定：

　3.2.1.1　种植乔木的分车绿带宽度不得小于 1.5m；主干路上的分车绿带宽度不宜小于 2.5m；行道树绿带宽度不得小于 1.5m；

3.2.1.2 主、次干路中间分车绿带和交通岛绿地不得布置成开放式绿地；

3.2.1.3 路侧绿带宜与相邻的道路红线外侧其他绿地相结合；

3.2.1.4 人行道毗邻商业建筑的路段，路侧绿带可与行道树绿带合并；

3.2.1.5 道路两侧环境条件差异较大时，宜将路侧绿带集中布置在条件较好的一侧。

3.2.2 道路绿化景观规划应符合下列规定：

3.2.2.1 在城市绿地系统规划中，应确定园林景观路与主干路的绿化景观特色。园林景观路应配置观赏价值高、有地方特色的植物，并与街景结合；主干路应体现城市道路绿化景观风貌；

3.2.2.2 同一道路的绿化宜有统一的景观风格；不同路段的绿化形式可有所变化；

3.2.2.3 同一道路段上的各类绿带，在植物配置上应相互配合，并应协调空间层次、树形组合、色彩搭配和季相变化的关系；

3.2.2.4 毗邻山、河、湖、海的道路，其绿化应相结合自然环境，突出自然景观特色。

3.3 树种和地被植物选择

3.3.1 道路绿化应选择适应道路环境条件、生长稳定、观赏价值高和环境效益好的植物种类。

3.3.2 寒冷积雪地区的城市，分车绿带、行道树绿带种植的乔木，应选择落叶树种。

3.3.3 行道树应选择深根性、分枝点高、冠大荫浓、生长健壮、适应城市道路环境条件，且落果对行人不会造成危害的树种。

3.3.4 花灌木应选择花繁叶茂、花期长、生长健壮和便于管理的树种。

3.3.5 绿篱植物和观叶灌木应选用萌芽力强、枝繁叶密、耐修剪的树种。

3.3.6 地被植物应选择茎叶茂密、生长势强、病虫害少和易管理的木本或草本观叶、观花植物。其中草坪地被植物尚应选择萌蘗力强、覆盖率高、耐修剪和绿色期长的种类。

4 道路绿带设计

4.1 分车绿带设计

4.1.1 分车绿带的植物配置应形式简洁，树形整齐，排列一致。乔木树干中心至机动车道路缘石外侧距离不宜小于 0.75m。

4.1.2 中间分车绿带应阻挡相向行驶车辆的眩光，在距相邻机动车道路面高度 0.6 至 1.5m 之间的范围内，配置植物的绿冠应常年枝叶茂密，其株距不得大于冠幅的 5 倍。

4.1.3 两侧分车绿带宽度大于或等于 1.5m 的，应以种植乔木为主，并宜乔木、灌木、地被植物相结合。其两侧乔木树冠不宜在机动车道上方搭接。

分车绿带宽度小于 1.5m 的，应以种植灌木为主，并应灌木、地被植物相结合。

4.1.4 被人行横道或道路出入口断开的分车绿带，其端部应采取通透式配置。

4.2 行道树绿带设计

4.2.1 行道树绿带种植应以行道树为主，并宜乔木、灌木、地被植物相结合，形成连续的绿带。

在行人多的路段，行道树绿带不能连续种植时，行道树之间宜采用透气性路面铺装。树池上宜覆盖池箅子。

4.2.2 行道树定植株距，应以其树种壮年期冠幅为准，最小种植株距应为 4m。行道树树干中心至路缘石外侧最小距离宜为 0.75m。

4.2.3 种植行道树其苗木的胸径：快长树不得小于 5cm；慢长树不宜小于 8cm。

4.2.4 在道路交叉口视距三角形范围内，行道树绿带应用用通透式配置。

4.3 路侧绿带设计

4.3.1 路侧绿带应根据相邻用地性质、防护和景观要求进行设计，并应保持在路段内的连续与完整的景观效果。

4.3.2 路侧绿带宽度大于 8m 时，可设计成开放式绿地。开放式绿地中，绿化用地面积不得小于该段绿带总面积的 70%。路侧绿带与毗邻的其他绿地一起辟为街旁游园时，其设计应符合现行行业标准《公园设计规范》(CJJ 48—92) 的规定。

4.3.3 濒临江、河、湖、海等水体的路侧绿地，应结合水面与岸线地形设计成滨水绿带。滨水绿带的绿化应在道路和水面之间留出透景线。

4.3.4 道路护坡绿化应结合工程措施栽植地被植物或攀缘植物。

5 交通岛、广场和停车场绿地设计

5.1 交通岛绿地设计

5.1.1 交通岛周边的植物配置宜增强导向作用，在行车视距范围内应采用通透式配置。

5.1.2 中心岛绿地应保持各路口之间的行车视线通透，布置成装饰绿地。

5.1.3 立体交叉绿岛应种植草坪等地被植物。草坪上可点缀树丛、孤植树和花灌木，以形成疏朗开阔的绿化效果。桥下宜种植耐荫地被植物。墙面宜进行垂直绿化。

5.1.4 导向岛绿地应配置地被植物。

5.2 广场绿化设计

5.2.1 广场绿化应根据各类广场的功能、规模和周边环境进行设计。广场绿化应利于人流、车流集散。

5.2.2 公共活动广场周边宜种植高大乔木。集中成片绿地不应小于广场总面积的 25%，并宜设计成开放式绿地，植物配置宜疏朗通透。

5.2.3 车站、码头、机场的集散广场绿化应选择具有地方特色的树种。集中成片绿地不应小于广场总面积的 10%。

5.2.4 纪念性广场应用绿化衬托主体纪念物，创造与纪念主题相应的环境气氛。

5.3 停车场绿化设计

5.3.1 停车场周边应种植高大庇荫乔木，并宜种植隔离防护绿带；在停车场内宜结合停车间隔带种植高大庇荫乔木。

5.3.2 停车场种植的庇荫乔木可选择行道树种。其树木枝下高度应符合停车位净高度的规定：小型汽车为 2.5m；中型汽车为 3.5m；载货汽车为 4.5m。

6 道路绿化与有关设施

6.1 道路绿化与架空线

6.1.1 在分车绿带和行道树绿带上方不宜设置架空线。必须设置时，应保证架空线下有不小于 9m 的树木生长空间。架空线下配置的乔木应选择开放型树冠或耐修剪的树种。

6.1.2 树木与架空电力线路导线的最小垂直距离应符合表 6.1.2 的规定。

表 6.1.2 树林与架空电力线路导线的最小垂直距离

电压（kV）	1～10	35～110	154～220	330
最小垂直距离（m）	1.5	3.0	3.5	4.5

6.2 道路绿化与地下管线

6.2.1 新建道路或经改建后达到规划红线宽度的道路，其绿化树木与地下管线外缘的最小水平距离宜符合表 6.2.1 的规定；行道树绿带下方不得敷设管线。

表 6.2.1 树木与地下管线外缘最小水平距离

管线名称	距乔木中心距离（m）	距灌木中心距离（m）
电力电缆	1.0	1.0
电信电缆（直埋）	1.0	1.0
电信电缆（管道）	1.5	1.0
给水管道	1.5	—
雨水管道	1.5	—
污水管道	1.5	—
燃气管道	1.2	1.2
热力管道	1.5	1.5
排水盲沟	1.0	—

6.2.2 当遇到特殊情况不能达到表 6.2.1 中规定的标准时，其绿化树木根颈中心至地下管线外缘的最小距离可采用表 6.2.2 的规定。

表 6.2.2 树木根颈中心至地下管线外缘最小距离

管线名称	距乔木根颈中心距离（m）	距灌木根颈中心距离（m）
电力电缆	1.0	1.0
电信电缆（直埋）	1.0	1.0
电信电缆（管道）	1.5	1.0
给水管道	1.5	1.0
雨水管道	1.5	1.0
污水管道	1.5	1.0

6.3 道路绿化与其他设施

6.3.1 树木与其他设施的最小水平距离应符合表 6.3.1 的规定。

表 6.3.1 树木与其他设施最小水平距离

设施名称	至乔木中心距离（m）	至灌木中心距离（m）
低于 2m 的围墙	1.0	—
挡土墙	1.0	—
路灯杆柱	2.0	—
电力、电信杆柱	1.5	—
消防龙头	1.5	2.0
测量水准点	2.0	2.0

附录 A　本规范用词说明

A.0.1　为便于在执行本规范条文时区别对待，对要求严格程度不同的用词说明如下：

(1) 表示很严格，非这样做不可的：

正面词采用"必须"；

反面词采用"严禁"。

(2) 表示严格，在正常情况下均应这样做的：

正面词采用"应"；

反面词采用"不应"或"不得"。

(3) 表示允许稍有选择，在条件许可时首先应这样做的：

正面词采用"宜"或"可"；

反面词采用"不宜"。

A.0.2　条文中指明应按其他有关标准执行的，写法为"应符合……的规定"或"应按……执行"。

附加说明

本规范主编单位、参加单位和主要起草人名单

主 编 单 位：中国城市规划设计研究院

参 加 单 位：上海市园林设计院

南京市园林规划设计院

北京林业大学园林学院

北京市东城区园林局

主要起草人：宋石坤　颜文武　唐进群　吴文俊　王莲清　苏雪痕

第三节　城市居住区规划设计规范
GB 50180—93

工程建设标准局部修订公告

第 31 号

关于国家标准《城市居住区规划
设计规范》局部修订的公告

根据建设部《关于印发〈一九九八年工程建设国家标准制订、修订划划（第一批）〉的通知》（建标〔1998〕94 号）的要求，中国城市规划设计研究院会同有关单位对《城市居住区规划设计规范》GB 50180—93 进行了局部修订。我部组织有关单位对该规范局部

修订的条文进行了共同审查，现予批准，自 2002 年 4 月 1 日起施行。其中，1.0.3、3.0.1、3.0.2、3.0.3、5.0.2（第 1 款）、5.0.5（第 2 款）、5.0.6（第 1 款）、6.0.1、6.0.3、6.0.5、7.0.1、7.0.2（第 3 款）、7.0.4（第 1 款的第 5 项）、7.0.5 为强制性条文，必须严格执行。该规范经此次修改的原条文规定同时废止。

中华人民共和国建设部

2002 年 3 月 11 日

关于发布国家标准《城市居住区规划设计规范》的通知

建标〔1993〕542 号

根据国家计委计综（1987）250 号文的要求，由建设部会同有关部门共同制订的《城市居住区规划设计规范》已经有关部门会审，现批准《城市居住区规划设计规范》GB 50180—93 为强制性国家标准，自一九九四年二月一日起施行。

本标准由建设部负责管理，具体解释等工作由中国城市规划设计研究院负责，出版发行由建设部标准定额研究所负责组织。

中华人民共和国建设部

1993 年 7 月 16 日

前　　言

根据建设部建标〔1998〕94 号文件《关于印发"一九九八年工程建设标准制定、修订计划"的通知》要求，对现行国家标准《城市居住区规划设计规范》（以下简称规范）进行局部修订。

本次规范修订主要包括以下几个方面：增补老年人设施和停车场（库）的内容；对分级控制规模、指标体系和公共服务设施的部分内容进行了适当调整；进一步调整完善住宅日照间距的有关规定；与相关规范或标准协调，加强了措辞的严谨性。

修订工作针对我国社会经济发展和市场经济改革中出现的新问题，在原有框架基础上对规范进行了补充调整，部分标准有所提高，对涉及法律纠纷较多的条款提出了严格的限定条件，在使用规范过程中需特别加以注意。

本规范由国家标准《城市居住区规划设计规范》管理组负责解释。在实施过程中如发现有需要修改和补充之处，请将意见和有关资料寄送国家标准《城市居住区规划设计规范》管理组（北京市海淀区三里河路 9 号 中国城市规划设计研究院，邮政编码：100037）。

本规范主编单位：中国城市规划设计研究院

本规范参编单位：北京市城市规划设计研究院、中国建筑技术研究院。

主要起草人员：涂英时、吴晟、刘燕辉、杨振华、赵文凯、张播。

其他参加工作人员：刘国园

城市居住区规划设计规范

1 总则

1.0.1 为确保居民基本的居住生活环境，经济、合理、有效地使用土地和空间，提高居住区的规划设计质量，制定本规范。

1.0.2 本规范适用于城市居住区的规划设计。

1.0.3 居住区按居住户数或人口规模可分为居住区、小区、组团三级。各级标准控制规模，应符合表 1.0.3 的规定。

表 1.0.3 居住区分级控制规模

	居住区	小区	组团
户数（户）	10000～16000	3000～5000	300～1000
人口（人）	30000～50000	10000～15000	1000～3000

1.0.3a 居住区的规划布局形式可采用居住区－小区－组团、居住区－组团、小区－组团及独立式组团等多种类型。

1.0.4 居住区的配建设施，必须与居住人口规模相对应。其配建设施的面积总指标，可根据规划布局形式统一安排、灵活使用。

1.0.5 居住区的规划设计，应遵循下列基本原则：

    1.0.5.1 符合城市总体规划的要求；

    1.0.5.2 符合统一规划、合理布局、因地制宜、综合开发、配套建设的原则；

    1.0.5.3 综合考虑所在城市的性质、社会经济、气候、民族、习俗和传统风貌等地方特点和规划用地周围的环境条件，充分利用规划用地内有保留价值的河湖水域、地形地物、植被、道路、建筑物与构筑物等，并将其纳入规划；

    1.0.5.4 适应居民的活动规律，综合考虑日照、采光、通风、防灾、配建设施及管理要求，创造安全、卫生、方便、舒适和优美的居住生活环境；

    1.0.5.5 为老年人、残疾人的生活和社会活动提供条件；

    1.0.5.6 为工业化生产、机械化施工和建筑群体、空间环境多样化创造条件；

    1.0.5.7 为商品化经营、社会化管理及分期实施创造条件；

    1.0.5.8 充分考虑社会、经济和环境三方面的综合效益；

1.0.6 居住区规划设计除执行本规范外，尚应符合国家现行的有关法律、法规和强制性标准的规定。

2 术语、代号

2.0.1 城市居住区

    一般称城市居住区，泛指不同居住人口规模的居住生活聚居地和特指城市干道或自然分界线所围合，并与居住人口规模（30000～50000 人）相对应，配建有一整套较完善的、能满足该区居民物质与文化生活所需的公共服务设施的居住生活聚居地。

2.0.2 居住小区

一般称小区，是指被城市道路或自然分界线所围合，并与居住人口规模（10000～15000 人）相对应，配建有一套能满足该区居民基本的物质与文化生活所需的公共服务设施的居住生活聚居地。

2.0.3　居住组团

一般称组团，指一般被小区道路分隔，并与居住人口规模（1000～3000 人）相对应，配建有居民所需的基层公共服务设施的居住生活聚居地。

2.0.4　居住区用地（R）

住宅用地、公建用地、道路用地和公共绿地等四项用地的总称。

2.0.5　住宅用地（R01）

住宅建筑基底占地及其四周合理间距内的用地（含宅间绿地和宅间小路等）的总称。

2.0.6　公共服务设施用地（R02）

一般称公建用地，是与居住人口规模相对应配建的、为居民服务和使用的各类设施的用地，应包括建筑基底占地及其所属场院、绿地和配建停车场等。

2.0.7　道路用地（R03）

居住区道路、小区路、组团路及非公建配建的居民汽车地面停放场地。

2.0.8　居住区（级）道路

一般用以划分小区的道路。在大城市中通常与城市支路同级。

2.0.9　小区（级）路

一般用以划分组团的道路。

2.0.10　组团（级）路

上接小区路、下连宅间小路的道路。

2.0.11　宅间小路

住宅建筑之间连接各住宅入口的道路。

2.0.12　公共绿地（R04）

满足规定的日照要求、适合于安排游憩活动设施的、供居民共享的集中绿地，包括居住区公园、小游园和组团绿地及其他块状带状绿地等。

2.0.13　配建设施

与人口规模或与住宅规模相对应配套建设的公共服务设施、道路和公共绿地的总称。

2.0.14　其他用地（E）

规划范围内除居住区用地以外的各种用地，应包括非直接为本区居民配建的道路用地、其他单位用地、保留的自然村或不可建设用地等。

2.0.15　公共活动中心

配套公建相对集中的居住区中心、小区中心和组团中心等。

2.0.16　道路红线

城市道路（含居住区级道路）用地的规划控制线。

2.0.17　建筑线

一般称建筑控制线，是建筑物基底位置的控制线。

2.0.18　日照间距系数

根据日照标准确定的房屋间距与遮挡房屋檐高的比值。

2.0.19　建筑小品

既有功能要求，又具有点缀、装饰和美化作用的、从属于某一建筑空间环境的小体量建筑、游憩观赏设施和指示性标志物等的统称。

2.0.20　住宅平均层数

住宅总建筑面积与住宅基底总面积的比值（层）。

2.0.21　高层住宅（大于等于 10 层）比例

高层住宅总建筑面积与住宅总建筑面积的比率（％）。

2.0.22　中高层住宅（7～9 层）比例

中高层住宅总建筑面积与住宅总建筑面积的比率（％）。

2.0.23　人口毛密度

每公顷居住区用地上容纳的规划人口数量（人/hm²）。

2.0.24　人口净密度

每公顷住宅用地上容纳的规划人口数量（人/hm²）。

2.0.25　住宅建筑套密度（毛）

每公顷居住区用地上拥有的住宅建筑套数（套/hm²）。

2.0.26　住宅建筑套密度（净）

每公顷住宅用地上拥有的住宅建筑套数（套/hm²）。

2.0.27　住宅建筑面积毛密度

每公顷居住区用地上拥有的住宅建筑面积（万 m²/hm²）。

2.0.28　住宅建筑面积净密度

每公顷住宅用地上拥有的住宅建筑面积（万 m²/hm²）。

2.0.29　建筑面积毛密度

也称容积率，是每公顷居住区用地上拥有的各类建筑的建筑面积（万 m²/hm²）或以居住区总建筑面积（万 m²）与居住区用地（万 m²）的比值表示。

2.0.30　住宅建筑净密度

住宅建筑基底总面积与住宅用地面积的比率（％）。

2.0.31　建筑密度

居住区用地内，各类建筑的基底总面积与居住区用地面积的比率（％）。

2.0.32　绿地率

居住区用地范围内各类绿地"面积"的总和占居住区用地面积的比率（％）。

绿地应包括：公共绿地、宅旁绿地、公共服务设施所属绿地和道路绿地（即道路红线内的绿地），其中包括满足当地植树绿化覆土要求、方便居民出入的地下或半地下建筑的屋顶绿地，不应包括其他屋顶、晒台的人工绿地。

2.0.32a　停车率

指居住区内居民汽车的停车位数量与居住户数的比率（％）。

2.0.32b　地面停车率

居民汽车的地面停车位数量与居住户数的比率（％）。

2.0.33　拆建比

拆除的原有建筑总面积与新建的建筑总面积的比值。

2.0.34 （取消该条）

2.0.35 （取消该条）

3 用地与建筑

3.0.1 居住区规划总用地，应包括居住区用地和其他用地两类。其各类 、项用地名称可采用本规范第 2 章规定的代号标示。

3.0.2 居住区用地构成中，各项用地面积和所占比例应符合下列规定：

　3.0.2.1 居住区用地平衡表的格式，应符合本规范附录 A，第 A.0.5 条的要求。参与居住区用地平衡的用地应为构成居住区用地的四项用地，其他用地不参与平衡；

　3.0.2.2 居住区内各项用地所占比例的平衡控制指标，应符合表 3.0.2 的规定。

表 3.0.2　居住区用地平衡控制指标（%）

用地构成	居住区	小区	组团
1. 住宅用地（R01）	50～60	55～65	70～80
2. 公建用地（R02）	15～25	12～22	6～12
3. 道路用地（R03）	10～18	9～17	7～15
4. 公共绿地（R04）	7.5～18	5～15	3～6
居住区用地（R）	100	100	100

3.0.3 人均居住区用地控制指标，应符合表 3.0.3 规定。

表 3.0.3　人均居住区用地控制指标（m²/人）

居住规模	层数	建筑气候区划		
		Ⅰ、Ⅱ、Ⅵ、Ⅶ	Ⅲ、Ⅴ	Ⅳ
居住区	低层	33～47	30～43	28～40
	多层	20～28	19～27	18～25
	多层、高层	17～26	17～26	17～26
小区	低层	30～43	28～40	26～37
	多层	20～28	19～26	18～25
	中高层	17～24	15～22	14～20
	高层	10～15	10～15	10～15
组团	低层	25～35	23～32	21～30
	多层	16～23	15～22	14～20
	中高层	14～20	13～18	12～16
	高层	8～11	8～11	8～11

　注：本表各项指标按每户3.2人计算。

3.0.4 居住区内建筑应包括住宅建筑和公共服务设施建筑（也称公建）两部分；在居住区规划用地内的其他建筑的设置，应符合无污染不扰民的要求。

4 规划布局与空间环境

4.0.1 居住区的规划布局，应综合考虑周边环境、路网结构、公建与住宅布局、群体组合、绿地系统及空间环境等的内在联系，构成一个完善的、相对独立的有机整体，并应遵循下列原则：

4.0.1.1 方便居民生活，有利安全防卫和物业管理；

4.0.1.2 组织与居住人口规模相对应的公共活动中心，方便经营、使用和社会化服务；

4.0.1.3 合理组织人流、车流和车辆停放，创造安全、安静、方便的居住环境；

4.0.1.4 （取消该款）

4.0.2 居住区的空间与环境设计，应遵循下列原则：

4.0.2.1 规划布局和建筑应体现地方特色，与周围环境相协调；

4.0.2.2 合理设置公共服务设施，避免烟、气（味）、尘及噪声对居民的污染和干扰；

4.0.2.3 精心设置建筑小品，丰富与美化环境；

4.0.2.4 注重景观和空间的完整性，市政公用站点等宜与住宅或公建结合安排；供电、电讯、路灯等管线宜地下埋设；

4.0.2.5 公共活动空间的环境设计，应处理好建筑、道路、广场、院落、绿地和建筑小品之间及其与人的活动之间的相互关系。

4.0.3 便于寻访、识别和街道命名。

4.0.4 在重点文物保护单位和历史文化保护区保护规划范围内进行住宅建设，其规划设计必须遵循保护规划的指导；居住区内的各级文物保护单位和古树文物保护单位和古树名木必须依法予以保护；在文物保护单位的建设控制地带内的新建建筑和构筑物，不得破坏文物保护单位的环境风貌。

5 住宅

5.0.1 住宅建筑的规划设计，应综合考虑用地条件、选型、朝向、间距、绿地、层数与密度、布置方式、群体组合、空间环境和不同使用者的需要等因素确定。

5.0.1A 宜安排一定比例的老年人居住建筑。

5.0.2 住宅间距，应以满足日照要求为基础，综合考虑采光、通风、消防、防灾、管线埋设、视觉卫生等要求确定。

5.0.2.1 住宅日照标准应符合表 5.0.2-1 规定；对于特定情况还应符合下列规定：

（1）老年人居住建筑不应低于冬至日日照 2 小时的标准；

（2）在原设计建筑外增加任何设施不应使相邻住宅原有日照标准降低；

（3）旧区改建的项目内新建住宅日照标准可酌情降低，但不应低于大寒日日照 1 小时的标准。

5.0.2.2 住宅正面间距，应按日照标准确定的不同方位的日照间距系数控制，也可采用表 5.0.2-2 不同方位间距折减系数换算。

表 5.0.2-1　住宅建筑日照标准

建筑气候区划	Ⅰ，Ⅱ，Ⅲ，Ⅶ气候区		Ⅳ气候区		Ⅴ，Ⅵ气候区
	大城市	中小城市	大城市	中小城市	
日照标准日	大寒日				冬至日
日照时数（h）	≥2		≥3		≥1
有效日照时间带（h）	8～16				9～15
日照时间计算起点	底层窗台面				

注：① 建筑气候区划应符合本规范附录 A 第 A.0.1 条的规定；

② 底层窗台面是指距离室内地坪 0.9m 高的外墙位置。

表 5.0.2-2　不同方位间距折减系数换算表

方位	0°～15°(含)	15°～30°(含)	30°～45°(含)	45°～60°(含)	>60°
折减值	1.00L	0.90L	0.80L	0.90L	0.95L

注：① 表中方位为正南向（0°）偏东、偏西的方位角。

② L 为当地正南向住宅的标准日照间距（m）。

③ 本表指标仅适用于无其他日照遮挡的平行布置条式住宅之间。

5.0.2.3　住宅侧面间距，应符合下列规定：

（1）条式住宅，多层之间不宜小于 6m；高层与各种层数住宅之间不宜小于 13m；

（2）高层塔式住宅、多层和中高层点式住宅与侧面有窗的各种层数住宅之间应考虑视觉卫生因素，适当加大间距。

5.0.3　住宅布置，应符合下列规定：

5.0.3.1　选用环境条件优越的地段布置住宅，其布置应合理紧凑；

5.0.3.2　面街布置的住宅，其出入口应避免直接开向城市道路和居住区级道路；

5.0.3.3　在Ⅰ、Ⅱ、Ⅵ、Ⅶ建筑气候区，主要应利于住宅冬季的日照、防寒、保温与防风沙的侵袭；在Ⅲ、Ⅳ建筑气候区，主要应考虑住宅夏季防热和组织自然通风、导风入室的要求；

5.0.3.4　在丘陵和山区，除考虑住宅布置与主导风向的关系外，尚应重视因地形变化而产生的地方风对住宅建筑防寒、保温或自然通风的影响；

5.0.3.5　老年人居住建筑宜靠近相关服务设施和公共绿地。

5.0.4　住宅的设计标准，应符合现行国家标准《住宅设计规范》GB 50096—99 的规定，宜采用多种户型和多种面积标准。

5.0.5　住宅层数，应符合下列规定：

5.0.5.1　根据城市规划要求和综合经济效益，确定经济的住宅层数与合理的层数结构；

5.0.5.2　无电梯住宅不应超过六层。在地形起伏较大的地区，当住宅分层入口时，可按进入住宅后的单程上或下的层数计算。

5.0.6　住宅净密度，应符合下列规定：

5.0.6.1　住宅建筑净密度的最大值，不应超过表 5.0.6-1 规定；

表 5.0.6-1　住宅建筑净密度控制指标（％）

住宅层数	建筑气候区划		
	Ⅰ、Ⅱ、Ⅵ、Ⅶ	Ⅲ、Ⅴ	Ⅳ
低层	35	40	43
多层	28	30	32
中高层	25	28	30
高层	20	20	22

注：混合层取两者的指标值作为控制指标的上、下限值。

5.0.6.2 住宅建筑面积净密度的最大值，<u>不宜超过</u>表 5.0.6-2 规定。

表 5.0.6-2　住宅建筑面积净密度控制指标（万 m²/hm²）

住宅层数	建筑气候区划		
	Ⅰ、Ⅱ、Ⅵ、Ⅶ	Ⅲ、Ⅴ	Ⅳ
低层	1.10	1.20	1.30
多层	1.70	1.80	1.90
中高层	2.00	2.20	2.40
高层	3.50	3.50	3.50

注：① 混合层取两者的指标值作为控制指标的上、下限值；
　　② 本表不计入地下层面积。

6　公共服务设施

6.0.1　居住区公共服务设施（也称配套公建），应包括：教育、医疗卫生、文化体育、商业服务、金融邮电、<u>社区服务</u>、市政公用和行政管理及其他八类设施。

6.0.2　居住区配套公建的配建水平，必须与居住人口规模相对应。并应与住宅同步规划、同步建设和同时投入使用。

6.0.3　居住区配套公建的项目，应符合本规范附录 A 第 A.0.6 条规定。配建指标，应以表 6.0.3 规定的千人总指标和分类指标控制，并应遵循下列原则：

表 6.0.3　公共服务设施控制指标（m²/千人）

居住规模　　类　别		居住区		小区		组团	
		建筑面积	用地面积	建筑面积	用地面积	建筑面积	用地面积
总　指　标		<u>1668～3293</u>	<u>2172～5559</u>	<u>968～2397</u>	<u>1091～3835</u>	<u>362～856</u>	<u>488～1058</u>
		（2228～4213）	（2762～6329）	（1338～2977）	（1491～4585）	（703～1356）	（868～1578）
其 中	教育	<u>600～1200</u>	1000～2400	<u>330～1200</u>	700～2400	160～400	300～500
	医疗卫生 （含医院）	<u>78～198</u> （178～398）	<u>138～378</u> （298～548）	<u>38～98</u>	<u>78～228</u>	6～20	12～40
	文体	<u>125～245</u>	225～645	<u>45～75</u>	65～105	18～24	40～60
	商业服务	700～910	600～940	450～570	100～600	150～370	100～400
	社区服务	<u>59～464</u>	<u>76～668</u>	<u>59～292</u>	76～328	<u>19～32</u>	<u>16～28</u>
	金融邮电（含 银行、邮电局）	20～30 （60～80）	25～50	16～22	22～34	—	—

居住规模\n\n类　别		居住区		小区		组团	
		建筑面积	用地面积	建筑面积	用地面积	建筑面积	用地面积
其中	市政公用\n（含居民存车处）	40～150\n(460～820)	70～360\n(500～960)	30～140\n(400～720)	50～140\n(450～760)	9～10\n(350～510)	20～30\n(400～550)
	行政管理\n及其他	46～96	37～72	—	—	—	—

注：① 居住区级指标含小区和组团级指标，小区级含组团级指标，
　　② 公共服务设施总用地的控制指标应符合表 3.0.2 规定；
　　③ 总指标未含其他类，使用时应根据规划设计要求确定本类面积指标；
　　④ 小区医疗卫生类未含门诊所；
　　⑤ 市政公用类未含锅炉房，在采暖地区应自选确定。

6.0.3.1　各地应按表 6.0.3 中规定所确定的本规范附录 A 第 A.0.6 条中有关项目及其具体指标控制；

6.0.3.2　本规范附录 A 第 A.0.6 条和表 6.0.3 在使用时可根据规划布局形式和规划用地四周的设施条件，对配建项目进行合理的归并、调整；但不应少于与其居住人口规模相对应的千人总指标；

6.0.3.3　当规划用地内的居住人口规模界于组团和小区之间或小区和居住区之间时，除配建下一级应配建的项目外，还应根据所增人数及规划用地周围的设施条件，增配高一级的有关项目及其增加有关指标；

6.0.3.4　（取消该款）

6.0.3.5　（取消该款）

6.0.3.6　旧区改建和城市边缘的居住区，其配建项目与千人总指标可酌情增减，但应符合当地城市规划行政主管部门的有关规定；

6.0.3.7　凡国家确定的一、二类人防重点城市均应按国家人防部门的有关规定配建防空地下室，并应遵循平战结合的原则，与城市地下空间规划相结合，统筹安排。将居住区使用部分的面积，按其使用性质纳入配套公建；

6.0.3.8　居住区配套公建各项目的设置要求，应符合本规范附录 A 第 A.0.7 条的规定。对其中的服务内容可酌情选用。

6.0.4　居住区配套公建各项目的规划布局，应符合下列规定：

6.0.4.1　根据不同项目的使用性质和居住区的规划布局形式，应采用相对集中与适当分散相结合的方式合理布局。并应利于发挥设施效益，方便经营管理、使用和减少干扰；

6.0.4.2　商业服务与金融邮电、文体等有关项目宜集中布置，形成居住区各级公共活动中心；

6.0.4.3　基层服务设施的设置应方便居民，满足服务半径的要求。

6.0.4.4　配套公建的规划布局和设计应考虑发展需要。

6.0.5　居住区内公共活动中心、集贸市场和人流较多的公共建筑，必须相应配建公共停车场（库），并应符合下列规定：

6.0.5.1 配建公共停车场（库）的停车位控制指标，应符合表6.0.5规定；

表6.0.5 配建公共停车场（库）停车位控制指标

名 称	单 位	自行车	机动车
公共中心	车位/100m²建筑面积	≥7.5	≥0.45
商业中心	车位/100m²营业面积	≥7.5	≥0.45
集贸市场	车位/100m²营业面积	≥7.5	≥0.3
饮食店	车位/100m²营业面积	≥3.6	≥0.3
医院、门诊所	车位/100m²建筑面积	≥1.5	≥0.3

注：① 本表机动车停车车位以小型汽车为标准当量表示；

② 其他各型车辆停车车位的换算办法，应符合本规范第11章中有关规定。

6.0.5.2 配建公共停车场（库）应就近设置，并宜采用地下或多层车库。

7 绿地

7.0.1 居住区内绿地，应包括公共绿地、宅旁绿地、配套公建所属绿地和道路绿地，其中包括了满足当地植树绿化覆土要求、方便居民出入的地下或半地下建筑的屋顶绿地。

7.0.2 居住区内绿地应符合下列规定：

7.0.2.1 一切可绿化的用地均应绿化，并宜发展垂直绿化；

7.0.2.2 宅间绿地应精心规划与设计；宅间绿地面积计算办法应符合本规范第11章中有关规定；

7.0.2.3 绿地率：新区建设不应低于30%；旧区改建不宜低于25%。

7.0.3 居住区内的绿地规划，应根据居住区的规划布局形式、环境特点及用地的具体条件，采用集中与分散相结合，点、线、面相结合的绿地系统。并宜保留和利用规划范围内的已有树木和绿地。

7.0.4 居住区内的公共绿地，应根据居住区不同的规划布局形式设置相应的中心绿地，以及老年人、儿童活动场地和其他的块状、带状公共绿地等，并应符合下列规定：

7.0.4.1 中心绿地的设置应符合下列规定：

（1）符合表7.0.4-1规定，表内"设置内容"可视具体条件选用；

（2）至少应有一个边与相应级别的道路相邻；

（3）绿化面积（含水面）不宜小于70%；

（4）便于居民休憩、散步和交往之用，宜采用开敞式，以绿篱或其他通透式院墙栏杆作分隔；

表7.0.4-1 各级中心绿地设置规定

中心绿地名称	设置内容	要 求	最小规模（hm²）
居住区公园	花木草坪、花坛水面、凉亭雕塑、小卖茶座、老幼设施、停车场地和铺装地面等	园内布局应有明确的功能划分	1.00
小游园	花木草坪、花坛水面、雕塑、儿童设施和铺装地面等	园内布局应有一定的功能划分	0.40
组团绿地	花木草坪、桌椅、简易儿童设施等	灵活布居	0.04

（5）组团绿地的设置应满足有不少于1/3的绿地面积在标准的建筑日照阴影线范围之外的要求，并便于设置儿童游戏设施和适于成人游憩活动。其中院落式组团绿地的设置还应同时满足表7.0.4-2中的各项要求，其面积计算起止界应符合本规范第11章中的有关规定；

表7.0.4-2　院落式组团绿地设置规定

封闭型绿地		开敞型绿地	
南侧多层楼	南侧高层楼	南侧多层楼	南侧高层楼
$L \geqslant 1.5L_2$	$L \geqslant 1.5L_2$	$L \geqslant 1.5L_2$	$L \geqslant 1.5L_2$
$L \geqslant 30m$	$L \geqslant 50m$	$L \geqslant 30m$	$L \geqslant 50m$
$S_1 \geqslant 800m^2$	$S_1 \geqslant 1800m^2$	$S_1 \geqslant 500m^2$	$S_1 \geqslant 1200m^2$
$S_2 \geqslant 1000m^2$	$S_2 \geqslant 2000m^2$	$S_2 \geqslant 600m^2$	$S_2 \geqslant 1400m^2$

注：① L——南北两楼正面间距（m）；

　　　　L_2——当地住宅的标准日照间距（m）；

　　　　S_1——北侧为多层楼的组团绿地面积（m²）；

　　　　S_2——北侧为高层楼的组团绿地面积（m²）。

② 开敞型院落式组团绿地应符合本规范附录A第A.0.4条规定。

7.0.4.2　其他块状带状公共绿地应同时满足宽度不小于8m、面积不小于400m²和本条第1款（2）、（3）、（4）项及第（5）项中的日照环境要求；

7.0.4.3　公共绿地的位置和规模，应根据规划用地周围的城市级公共绿地的布局综合确定。

7.0.5　居住区内公共绿地的总指标，应根据居住人口规模分别达到：组团不少于0.5m²/人，小区（含组团）不少于1m²/人，居住区（含小区与组团）不少于1.5m²/人，并应根据居住区规划布局形式统一安排、灵活使用。

旧区改建可酌情降低，但不得低于相应指标的70%。

8　道路

8.0.1　居住区的道路规划，应遵循下列原则：

8.0.1.1　根据地形、气候、用地规模和用地四周的环境条件、城市交通系统以及居民的出行方式，应选择经济、便捷的道路系统和道路断面形式；

8.0.1.2　小区内应避免过境车辆的穿行，道路通而不畅、避免往返迂回，并适于消防车、救护车、商店货车和垃圾车等的通行；

8.0.1.3　有利于居住区内各类用地的划分和有机联系，以及建筑物布置的多样化；

8.0.1.4　当公共交通线路引入居住区级道路时，应减少交通噪声对居民的干扰；

8.0.1.5　在地震烈度不低于六度的地区，应考虑防灾救灾要求；

8.0.1.6　满足居住区的日照通风和地下工程管线的埋设要求；

8.0.1.7　城市旧区改建，其道路系统应充分考虑原有道路特点，保留和利用有历史文化价值的街道；

8.0.1.8　应便于居民汽车的通行，同时保证行人、骑车人的安全便利。

8.0.1.9　（取消该款）

8.0.2 居住区内道路可分为：居住区道路、小区路、组团路和宅间小路四级。其道路宽度，应符合下列规定：

    8.0.2.1 居住区道路：红线宽度不宜小于20m；

    8.0.2.2 小区路：路面宽6～9m，建筑控制线之间的宽度，需敷设供热管线的不宜小于14m；无供热管线的不宜小于10m；

    8.0.2.3 组团路：路面宽3～5m；建筑控制线之间的宽度，需敷设供热管线的不宜小于10m；无供热管线的不宜小于8m；

    8.0.2.4 宅间小路：路面宽不宜小于2.5m；

    8.0.2.5 在多雪地区，应考虑堆积清扫道路积雪的面积，道路宽度可酌情放宽，但应符合当地城市规划行政主管部门的有关规定。

8.0.3 居住区内道路纵坡规定，应符合下列规定：

    8.0.3.1 居住区内道路纵坡控制指标应符合表8.0.3的规定；

表 8.0.3　居住区内道路纵坡控制指标（％）

道路类别	最小纵坡	最大纵坡	多雪严寒地区最大纵坡
机动车道	≥0.2	≤8.0 L≤200m	≤5.0 L≤600m
非机动车道	≥0.2	≤3.0 L≤50m	≤2.0 L≤100m
步行道	≥0.2	≤8.0	≤4.0

注：L 为坡长（m）。

    8.0.3.2 机动车与非机动车混行的道路，其纵坡宜按非机动车道要求，或分段按非机动车道要求控制。

8.0.4 山区和丘陵地区的道路系统规划设计，应遵循下列原则：

    8.0.4.1 车行与人行宜分开设置自成系统；

    8.0.4.2 路网格式应因地制宜；

    8.0.4.3 主要道路宜平缓；

    8.0.4.4 路面可酌情缩窄，但应安排必要的排水边沟和会车位，并应符合当地城市规划行政主管部门的有关规定。

8.0.5 居住区内道路设置，应符合下列规定：

    8.0.5.1 小区内主要道路至少应有两个出入口；居住区内主要道路至少应有两个方向与外围道路相连；机动车道对外出入口间距不应小于150m。沿街建筑物长度超过150m时，应设不小于4m×4m的消防车通道。人行出口间距不宜超过80m，当建筑物长度超过80m时，应在底层加设人行通道；

    8.0.5.2 居住区内道路与城市道路相接时，其交角不宜小于75°；当居住区内道路坡度较大时，应设缓冲段与城市道路相接；

    8.0.5.3 进入组团的道路，既应方便居民出行和利于消防车、救护车的通行，又应维护院落的完整性和利于治安保卫；

    8.0.5.4 在居住区内公共活动中心，应设置为残疾人通行的无障碍通道。通行轮椅车的坡道宽度不应小于 2.5m，纵坡不应大于 2.5%；

8.0.5.5　居住区内尽端式道路的长度不宜大于 120m，并应在尽端设不小于 12m×12m 的回车场地；

8.0.5.6　当居住区内用地坡度大于 8% 时，应辅以梯步解决竖向交通，并宜在梯步旁附设推行自行车的坡道；

8.0.5.7　在多雪严寒的山坡地区，居住区内道路路面应考虑防滑措施；在地震设防地区，居住区内的主要道路，宜采用柔性路面；

8.0.5.8　居住区内道路边缘至建筑物、构筑物的最小距离，应符合表 8.0.5 规定；

表 8.0.5　道路边缘至建、构筑物最小距离（m）

与建、构筑物的关系	道路级别		居住区道路	小区路	组团路及宅间小路
建筑物面向道路	无出入口	高层	5.0	3.0	2.0
		多层	3.0	3.0	2.0
	有出入口		—	5.0	2.5
建筑物山墙面向道路		高层	4.0	2.0	1.5
		多层	2.0	2.0	1.5
围墙面向道路			1.5	1.5	1.5

注：居住区道路的边缘指红线；小区路、组团路及宅间小路的边缘指路面边线。

当小区路设有人行便道时，其道路边缘指便道边线。

8.0.5.9　（取消该款）

8.0.6　居住区内必须配套设置居民汽车（含通勤车）停车场、停车库，并应符合下列规定：

8.0.6.1　居民汽车停车率不应小于 10%；

8.0.6.2　居住区内地面停车率（居住区内居民汽车的停车位数量与居民住户数的比率）不宜超过 10%；

8.0.6.3　居民停车场、库的布置应方便居民使用，服务半径不宜大于 150m；

8.0.6.4　居民停车场、库的布置应留有必要的发展余地。

9　竖向

9.0.1　居住区的竖向规划，应包括地形地貌的利用、确定道路控制高程和地面排水规划等内容。

9.0.2　居住区竖向设计，应遵循下列原则：

9.0.2.1　合理利用地形地貌，减少土方工程量；

9.0.2.2　各种场地的适用坡度，应符合表 9.0.1 规定；

表 9.0.1　各种场地的适用坡度（%）

场地名称	适用坡度
密实性地面和广场	0.3～3.0
广场兼停车场	0.2～0.5

场地名称	适用坡度
室外场地： 　1. 儿童游戏场 　2. 运动场 　3. 杂用地	0.3～2.5 0.2～0.5 0.3～2.9
绿地	0.5～1.0
湿陷性黄土地面	0.5～7.0

9.0.2.3 满足排水管线的埋设要求；

9.0.2.4 避免土壤受冲刷；

9.0.2.5 有利于建筑布置与空间环境的设计；

9.0.2.6 对外联系道路的高程应与城市道路标高相衔接。

9.0.3 当自然地形坡度大于 8%，居住区地面连接形式宜选用台地式，台地之间应用挡土墙或护坡连接。

9.0.4 居住区内地面水的排水系统，应根据地形特点设计。在山区和丘陵地区还必须考虑排洪要求。地面水排水方式的选择，应符合以下规定：

9.0.4.1 居住区内应采用暗沟（管）排除地面水；

9.0.4.2 在埋设地下暗沟（管）极不经济的陡坎、岩石地段，或在山坡冲刷严重，管沟易堵塞的地段，可采用明沟排水。

10 管线综合

10.0.1 居住区内应设置给水、污水、雨水和电力管线，<u>在采用集中供热居住区</u>内还应设置供热管线。同时，还应考虑<u>燃气</u>、通讯、电视公用天线、<u>闭路电视</u>、智能化等管线的设置或预留埋设位置。

10.0.2 居住区内各类管线的设置，应编制管线综合规划确定，并应符合下列规定；

10.0.2.1 必须与城市管线衔接；

10.0.2.2 应根据各类管线的不同特性和设置要求综合布置。各类管线相互间的水平与垂直净距，宜符合表 10.0.2-1 和表 10.0.2-2 的规定；

表 10.0.2-1　各种地下管线之间最小水平净距（m）

管线名称		给水管	排水管	燃气管③			热力管	电力电缆	电信电缆	电信管道
				低压	中压	高压				
排水管		1.5	1.5	—	—	—	—	—	—	—
燃气管③	低压	0.5	1.0	—	—	—	—	—	—	—
	中压	1.0	1.5	—	—	—	—	—	—	—
	高压	1.5	2.0	—	—	—	—	—	—	—
热力管		1.5	1.5	1.0	1.5	2.0	—	—	—	—
电力电缆		0.5	0.5	0.5	1.0	1.5	2.0	—	—	—

管线名称	给水管	排水管	燃气管③			热力管	电力电缆	电信电缆	电信管道
			低压	中压	高压				
电信电缆	1.0	1.0	0.5	1.0	1.5	1.0	0.5	—	—
电信管道	1.0	1.0	1.0	1.0	2.0	1.0	1.2	0.2	—

注：①表中给水管与排水管之间的净距适用于管径小于或等于200mm，当管径大于200mm时应大于或等于3.0m；

②大于或等于10kV的电力电缆与其他任何电力电缆之间应大于或等于0.25m，如加套管，净距可减至0.1m；小于10kV电力电缆之间应大于或等于0.1m；

③低压燃气管的压力为小于或等于0.005MPa，中压为0.005～0.3MPa，高压为0.3～0.8MPa。

表10.0.2-2　各种地下管线之间最小垂直净距（m）

管线名称	给水管	排水管	燃气管	热力管	电力电缆	电信电缆	电信管道
给水管	0.15	—	—	—	—	—	—
排水管	0.40	0.15	—	—	—	—	—
燃气管	0.15	0.15	0.15	—	—	—	—
热力管	0.15	0.15	0.15	0.15	—	—	—
电力电缆	0.15	0.50	0.50	0.50	0.50	—	—
电信电缆	0.20	0.50	0.50	0.50	0.50	0.25	0.25
电信管道	0.10	0.15	0.15	0.15	0.50	0.25	0.25
明沟沟底	0.50	0.50	0.50	0.50	0.50	0.50	0.50
涵洞基底	0.15	0.15	0.15	0.15	0.50	0.2	0.25
铁路轨底	1.00	1.20	1.00	1.20	1.00	1.00	1.00

10.0.2.3 宜采用地下敷设的方式。地下管线的走向，宜沿道路或与主体建筑平行布置，并力求线型顺直、短捷和适当集中，尽量减少转弯，并应使管线之间及管线与道路之间尽量减少交叉；

10.0.2.4 应考虑不影响建筑物安全和防止管线受腐蚀、沉陷、震动及重压。各种管线与建筑物和构筑物之间的最小水平间距，应符合表10.0.2-3规定；

表10.0.2-3　各种管线与建、构筑物之间的最小水平间距（m）

管线名称		建筑物基础	地上杆柱（中心）			铁路（中心）	城市道路侧石边缘	公路边缘
			通信、照明及<10kV	≤35kV	>35kV			
给水管		3.00	0.50	3.00		5.00	1.50	1.00
排水管		2.50	0.50	1.50		5.00	1.50	1.00
煤气管	低压	1.50	1.00	1.00	5.00	3.75	1.50	1.00
	中压	2.00				3.75	1.50	1.00
	高压	4.00				5.00	2.50	1.00
热力管	直埋2.5		1.00	2.00	3.00	3.75	1.50	1.00
	地沟0.5							

管线名称	建筑物基础	地上杆柱（中心）			铁路（中心）	城市道路侧石边缘	公路边缘
		通信、照明及<10kV	≤35kV	>35kV			
电力电缆	0.60	0.60	0.60	0.60	3.75	1.50	1.00
电信电缆	0.60	0.50	0.60	0.60	3.75	1.50	1.00
电信管道	1.50	1.00	1.00	1.00	3.75	1.50	1.00

注：① 表中给水管与城市道路侧石边缘的水平间距1.00m适用于管径小于或等于200mm，当管径大于200mm时应大于或等于1.50m；

② 表中给水管与围墙或篱笆的水平间距1.50m是适用于管径小于或等于200mm，当管径大于200mm时应大于或等于2.50m；

③ 排水管与建筑物基础的水平间距，当埋深浅于建筑物基础时应大于或等于2.50m；

④ 表中热力管与建筑物基础的最小水平间距对于管沟敷设的热力管道为0.50m，对于直埋闭式热力管道管径小于或等于250mm时为2.50m，管径大于或等于300mm时为3.00m，对于直埋开式热力管道为5.00m。

10.0.2.5 各种管线的埋设顺序应符合下列规定：

（1）离建筑物的水平排序，由近及远宜为：电力管线或电信管线、燃气管、热力管、给水管、雨水管、污水管；

（2）各类管线的垂直排序，由浅入深宜为：电信管线、热力管、小于10kV电力电缆、大于10kV电力电缆、燃气管、给水管、雨水管、污水管。

10.0.2.6 电力电缆与电信管、缆宜远离，并按照电力电缆在道路东侧或南侧、电信电缆在道路西侧或北侧的原则布置；

10.0.2.7 管线之间遇到矛盾时，应按下列原则处理：

（1）临时管线避让永久管线；

（2）小管线避让大管线；

（3）压力管线避让重力自流管线；

（4）可弯曲管线避让不可弯曲管线。

10.0.2.8 地下管线不宜横穿公共绿地和庭院绿地。与绿化树种间的最小水平净距，宜符合表10.0.2-4中的规定。

表10.0.2-4　管线、其他设施与绿化树种间的最小水平净距（m）

管线名称	最小水平净距	
	至乔木中心	至灌木中心
给水管、闸井	1.5	1.5
污水管、雨水管、探井	1.5	1.5
燃煤气管、探井	1.2	1.2
电力电缆、电信电缆	1.0	1.0
电信管道	1.5	1.0
热力管	1.5	1.5
地上杆柱（中心）	2.0	2.0
消防龙头	1.5	1.2
道路侧石边缘	0.5	0.5

11　综合技术经济指标

11.0.1 居住区综合技术经济指标的项目应包括必要指标和可选用指标两类，其项目及计量单位应符合表 11.0.1 规定。

表 11.0.1 综合技术经济指标系列一览表

项 目	计量单位	数值	所占比重（%）	人均面积（m²/人）
居住区规划总用地	hm²	▲	—	—
1. 居住区用地（R）	hm²	▲	100	▲
①住宅用地（R01）	hm²	▲	▲	▲
②公建用地（R02）	hm²	▲	▲	▲
③道路用地（R03）	hm²	▲	▲	▲
④公共绿地（R04）	hm²	▲	▲	▲
2. 其他用地	hm²	▲	—	—
居住户（套）数	户（套）	▲	—	—
居住人数	人	▲	—	—
户均人口	人/户	▲	—	—
总建筑面积	万 m²	▲	—	—
1. 居住区用地内建筑总面积	万 m²	▲	100	▲
①住宅建筑面积	万 m²	▲	▲	▲
②公建面积	万 m²	▲	▲	▲
2. 其他建筑面积	万 m²	△	—	—
住宅平均层数	层	▲	—	—
高层住宅比例	%	△	—	—
中高层住宅比例	%	△	—	—
人口毛密度	人/hm²	▲	—	—
人口净密度	人/hm²	△	—	—
住宅建筑套密度（毛）	套/hm²	▲	—	—
住宅建筑套密度（净）	套/hm²	▲	—	—
住宅建筑面积毛密度	万 m²/hm²	▲	—	—
住宅建筑面积净密度	万 m²/hm²	▲	—	—
居住区建筑面积毛密度（容积率）	万 m²/hm²	▲	—	—
停车率	%	▲	—	—
停车位	辆	▲	—	—
地面停车率	%	▲	—	—
地面停车位	辆	▲	—	—
住宅建筑净密度	%	▲	—	—
总建筑密度	%	▲	—	—
绿地率	%	▲	—	—
拆建比	—	△	—	—

注：▲必要指标；△选用指标。

11.0.2 各项指标的计算，应符合下列规定：

11.0.2.1 规划总用地范围应按下列规定确定：

（1）当规划总用地周界为城市道路、居住区（级）道路、小区路或自然分界线时，用地范围划至道路中心线或自然分界线；

（2）当规划总用地与其他用地相邻，用地范围划至双方用地的交界处。

11.0.2.2 底层公建住宅或住宅公建综合楼用地面积应按下列规定确定：

（1）按住宅和公建各占该幢建筑总面积的比例分摊用地，并分别计入住宅用地和公建用地；

（2）底层公建突出于上部住宅或占有专用场院或因公建需要后退红线的用地，均应计入公建用地。

11.0.2.3 底层架空建筑用地面积的确定，应按底层及上部建筑的使用性质及其各占该幢建筑总建筑面积的比例分摊用地面积，并分别计入有关用地内；

11.0.2.4 绿地面积应按下列规定确定：

（1）宅旁（宅间）绿地面积计算的起止界应符合本规范附录A第A.0.2条的规定；绿地边界对宅间路、组团路和小区路算到路边，当小区路设有人行便道时算到便道边，沿居住区路、城市道路则算到红线；距房屋墙脚1.5m；对其他围墙、院墙算到墙脚；

（2）道路绿地面积计算，以道路红线内规划的绿地面积为准进行计算；

（3）院落式组团绿地面积计算起止界应符合本规范附录A第A.0.3条的规定；绿地边界距宅间路、组团路和小区路路边10m；当小区路有人行便道时，算到人行便道边；临城市道路、居住区级道路时算到道路红线；距房屋墙脚1.5m；

（4）开敞型院落组团绿地，应符合本规范表7.0.4-2要求；至少有一个面面向小区路，或向建筑控制线宽度不小于10m的组团级主路敞开，并向其开设绿地的主要出入口和满足本规范附录A第A.0.4条的规定；

（5）其他块状、带状公共绿地面积计算的起止界同院落式组团绿地。沿居住区（级）道路、城市道路的公共绿地算到红线。

11.0.2.5 居住区用地内道路用地面积应按下列规定确定：

（1）按与居住人口规模相对应的同级道路及其以下各级道路计算用地面积，外围道路不计入；

（2）居住区（级）道路，按红线宽度计算；

（3）小区路、组团路，按路面宽度计算。当小区路设有人行便道时，人行便道计入道路用地面积；

（4）居民汽车停放场地，按实际占地面积计算；

（5）宅间小路不计入道路用地面积。

11.0.2.6 其他用地面积应按下列规定确定：

（1）规划用地外围的道路算至外围道路的中心线；

（2）规划用地范围内的其他用地，按实际占用面积计算。

11.0.2.7 停车场车位数的确定以小型汽车为标准当量表示，其他各型车辆的停车位，应按表11.0.2中相应的换算系数折算。

表 11.0.2　各型车辆停车位换算系数

车型	换算系数
微型客、货汽车机动三轮车	0.7
卧车、两吨以下货运汽车	1.0
中型客车、面包车、2～4t货运汽车	2.0
铰接车	3.5

附录 A　附图及附表

A.0.1　附图 A.0.1　中国建筑气候区划图

A.0.2　附图 A.0.2　宅旁（宅间）绿地面积计算起止界示意图

A.0.3　附图 A.0.3　院落式组团绿地面积计算起止界示意图

A.0.4　附图 A.0.4　开敞型院落式组团绿地示意图

A.0.5　附表 A.0.1　居住区用地平衡表

A.0.6　附表 A.0.2　公共服务设施项目分级配建表

A.0.7　附表 A.0.3　公共服务设施各项目的设置规定

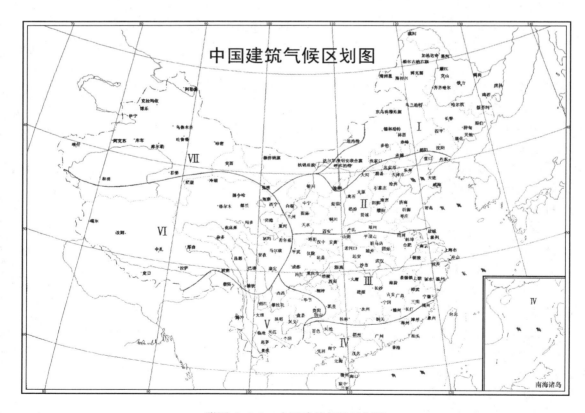

附图 A.0.1　中国建筑气候区划图

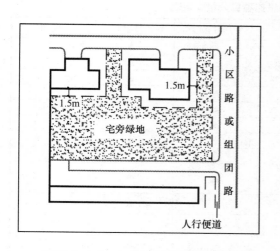

附图 A.0.2 宅旁（宅间）绿地面积
计算起止界示意图

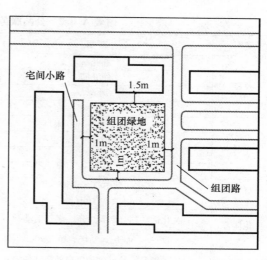

附图 A.0.3 院落式组团绿地面积
计算起止界示意图

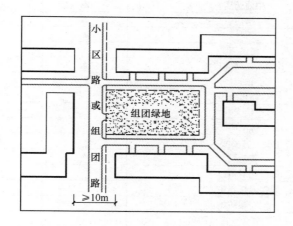

附图 A.0.4 开敞型院落式组团绿地示意图

附表 A.0.1 居住区用地平衡表

	项　　目	面积（hm²）	所占比例（%）	人均面积（m²/人）
	一、居住区用地（R）	▲	100	▲
1	住宅用地（R01）	▲	▲	▲
2	公建用地（R02）	▲	▲	▲
3	道路用地（R03）	▲	▲	▲
4	公共绿地（R04）	▲	▲	▲
	二、其他用地（E）	△	—	—
	居住区规划总用地	△	—	—

注："▲"为参与居住区用地平衡的项目。

附表 A.0.2 公共服务设施项目分级配建表

类别	项目	居住区	小区	组团
教育	托儿所	—	▲	△
	幼儿园	—	▲	—
	小学	—	▲	—
	中学	▲	—	—
医疗卫生	医院（200~300床）	▲	—	—
	门诊所	▲	—	—
	卫生站	—	▲	—
	护理院	△	—	—
文化体育	文化活动中心（含青少年、老年活动中心）	▲	—	—
	文化活动站（含青少年、老年活动站）	—	▲	—
	居民运动场、馆	△	—	—
	居民健身设施（含老年户外活动场地）	—	▲	△
商业服务	综合食品店	▲	▲	—
	综合百货店	▲	▲	—
	餐饮	▲	▲	—
	中西药店	▲	△	—
	书店	▲	△	—
	市场	▲	△	—
	便民店	—	—	▲
	其他第三产业设施	▲	▲	—
金融邮电	银行	△	—	—
	储蓄所	—	▲	—
	电信支局	△	—	—
	邮电所	—	▲	—
社区服务	社区服务中心（含老年人服务中心）	—	▲	—
	养老院	△	—	—
	托老所	—	△	—
	残疾人托养中心	△	—	—
	治安联防站	—	—	▲
	居（里）委会（社区用房）	—	—	▲
	物业管理	—	▲	—
市政公用	供热站或热交换站	△	△	△
	变电室	—	▲	△
	开闭所	▲	—	—
	路灯配电室	—	▲	—
	燃气调压站	△	△	—
	高压水泵房	—	—	△
	公共厕所	▲	▲	△
	垃圾转运站	△	△	—
	垃圾收集点	—	—	▲
	居民存车处	—	—	▲
	居民停车场、库	△	△	△
	公交始末站	△	—	—
	消防站	△	—	—
	燃料供应站	△	△	—

续附表 A.0.2

类别	项目	居住区	小区	组团
行政管理及其他	街道办事处	▲	—	—
	市政管理机构（所）	▲	—	—
	派出所	▲	—	—
	其他管理用房	▲	△	—
	防空地下室	△②	△②	△②

注：① ▲为应配建的项目；△为宜设置的项目；

② 在国家确定的一、二类人防重点城市，应按人防有关规定配建防空地下室。

附表 A.0.3 公共服务设施各项目的设置规定

类别	项目名称	服务内容	设置规定	每处一般规模	
				建筑面积（m²）	用地面积（m²）
教育	（1）托儿所	保教小于3周岁儿童	（1）设于阳光充足，接近公共绿地，便于家长接送的地段 （2）托儿所每班按25座计；幼儿园每班按30座计 （3）服务半径不宜大于300m；层数不宜高于3层 （4）三班和三班以下的托、幼园所，可混合设置，也可附设于其他建筑，但应有独立院落和出入口，四班和四班以上的托、幼园所均应独立设置	—	4班≥1200 6班≥1400 8班≥1600
	（2）幼儿园	保教学龄前儿童	（5）八班和八班以上的托、幼园所，其用地应分别按每座不小于7m²或9m²计 （6）托、幼建筑宜布置于可挡寒风的建筑物的背风面，但其生活间应满足冬至日不小于3h的日照标准 （7）活动场地应有不少于1/2的活动面积在标准的建筑日照阴影线之外	—	4班≥1500 6班≥2000 8班≥2400
	（3）小学	6～12周岁儿童入学	（1）学生上下学穿越城市道路时，应有相应的安全措施 （2）服务半径不宜大于500m （3）教学楼应满足冬至日不小于2h的日照标准	—	12班≥6000 18班≥7000 24班≥8000
	（4）中学	12～18周岁青少年入学	（1）在拥有3所或3所以上中学的居住区或居住地内，应有一所设置400m环形跑道的运动场 （2）服务半径不宜大于1000m （3）教学楼应满足冬至日不小于2h的日照标准	—	18班≥11000 24班≥12000 30班≥14000

类别	项目名称	服务内容	设置规定	每处一般规模	
				建筑面积(m²)	用地面积(m²)
医疗卫生	(5) 医院	含社区卫生服务中心	(1) 宜设于交通方便,环境较安静地段 (2) 10万人左右则应设一所300~400床医院 (3) 病房楼应满足冬至日不小于2h的日照标准	12000~18000	15000~25000
	(6) 门诊所	或社区卫生服务中心	(1) 一般 3~5 万人设一处,设医院的居住区不再设独立门诊 (2) 设于交通便捷,服务距离适中的地段	2000~3000	3000~5000
	(7) 卫生站	社区卫生服务站	1~1.5 万人设一处	300	500
	(8) 护理院	健康状况较差或恢复期老年人日常护理	(1) 最佳规模为 100~150床位 (2) 每床位建筑面积≥30m² (3) 可与社区卫生服务中心合设	3000~4500	—
文体	(9) 文化活动中心	小型图书馆、科普知识宣传与教育;影视厅、舞厅、游艺厅、球类、棋类活动室;科技活动、各类艺术训练班及青少年合老年人学习活动场地、用房等	宜结合或靠近同级中心绿地安排	4000~6000	8000~12000
	(10) 文化活动站	书报阅览、书画、文娱、健身、音乐欣赏、茶座等主要供青少年和老年人活动	(1) 宜结合或靠近同级中心绿地安排 (2) 独立性组团应设置本站	400~600	400~600
	(11) 居民运动场、馆	健身场地	宜设置 60~100m 直跑道和200m 环形跑道及简单的运动设施	—	10000~15000
	(12) 居民健身设施	篮、排球及小型球类场地,儿童及老年人活动场地和其他简单运动设施等	宜结合绿地安排	—	—

类别	项目名称	服务内容	设 置 规 定	每处一段规模	
				建筑面积（m²）	用地面积（m²）
商业服务	（13）综合食品店	粮油、副食、糕点、干鲜果品等	（1）服务半径：居住区不宜大于 500m；居住小区不宜大于 300m （2）地处山坡地的居住区，其商业服务设施的布点，除满足服务半径的要求外，还应考虑上坡空手，下坡负重的原则	居住区：1500～2500 小区：800～1500	—
	（14）综合百货店	日用百货、鞋帽、服装、布匹、五金及家用电器等		居住区：2000～3000 小区：400～600	—
	（15）餐饮	主食、早点、快餐、正餐等		—	—
	（16）中西药店	汤药、中成药与西药		200～500	—
	（17）书店	书刊及音像制品		300～1000	—
	（18）市场	以销售农副产品和小商品为主	设置方式应根据气候特点与当地传统的集市要求而定	居住区：100～1200 小区：500～1000	居住区：1500～2000 小区：800～1500
	（19）便民店	小百货、小日杂	宜设于组团的出入口附近	—	—
	（20）其他第三产业设施	零售、洗染、美容美发、照相、影视文化、休闲娱乐、洗浴、旅店、综合修理以及辅助就业设施等	具体项目、规模不限	—	—
金融邮电	（21）银行	分理处	宜与商业服务中心结合或邻近设置	800～1000	400～500
	（22）储蓄所	储蓄为主		100～150	—
	（23）电信支局	电话及相关业务票	根据专业规划需要设置	1000～2500	600～1500
	（24）邮电所	邮电综合业务包括电报、电话、信函、包裹、兑汇和报刊零售等	宜与商业服务中心结合或邻近设置	100～150	—
社区服务	（25）社区服务中心	家政服务、就业指导、中介、咨询服务、代客订票、部分老年人服务设施等	每小区设置一处，居住区也可合并设置	200～300	300～500

类别	项目名称	服务内容	设 置 规 定	每处一般规模	
				建筑面积（m²）	用地面积（m²）
社区服务	（26）养老院	老年人全托式护理服务	（1）一般规模为 150～200 床位 （2）每床位建筑面积≥40m²	—	—
	（27）托老所	老年人日托（餐饮、文娱、健身、医疗保健等）	（1）一般规模为 30～50 床位 （2）每床位建筑面积 20m² （3）宜靠近集中绿地安排，可与老年活动中心合并设置	—	—
	（28）残疾人托养所	残疾人全托式护理	—	—	—
	（29）治安联防站	—	可与居（里）委会合设	18～30	12～20
	（30）居（里）委会(社区用房)	—	300～1000 户设一处	30～50	
	（31）物业管理	建筑与设备维修、保安、绿化、环卫管理等	—	300～500	300
市政公用	（32）供热站或热交换站	—	—	根据采暖方式确定	
	（33）变电室	—	每个变电室负荷半径不应大于 250m；尽可能设于其他建筑内	30～50	
	（34）开闭所	—	1.2 万～2.0 万户设一所；独立设置	200～300	≥500
	（35）路灯配电室	—	可与变电室合设于其他建筑内	20～40	—
	（36）燃气调压站	—	按每个中低调压站负荷半径 500m 设置；无管道煤气地区不设	50	100～120
	（37）高压水泵房	—	一般为低水压区住宅加压供水附属工程	40～60	—
	（38）公共厕所	—	每 1000～1500 户设一处；宜设于人流集中处	30～60	60～100
	（39）垃圾转运站	—	应采用封闭式设施，力求垃圾存放和转运不外露，当用地规模为 0.7～1km² 设一处，每处面积不应小于 100m²，与周围建筑物的间隔不应小于 5m	—	

类别	项目名称	服务内容	设置规定	每处一般规模	
				建筑面积(m²)	用地面积(m²)
市政公用	（40）垃圾收集点	—	服务半径不应大于70m，宜采用分类收集	—	—
	（41）居民存车处	存放自行车、摩托车	宜设于组团或靠近组团设置，可与居（里）委会合设于组团的入口处	1～2辆/户；地上 0.8～1.2 m²/辆；地下 1.5～1.8m²/辆	
	（42）居民停车场、库	存放机动车	服务半径不宜大于150m	—	—
	（43）公交始末站	—	可根据具体情况设置	—	—
	（44）消防站	—	可根据具体情况设置	—	—
	（45）燃料供应站	煤或罐装燃气	可根据具体情况设置	—	—
行政管理及其他	（46）街道办事处		3～5万人设一处	700～1200	300～500
	（47）市政管理机构（所）	供电、供水、雨污水、绿化、环卫等管理与维修	宜合并设置	—	—
	（48）派出所	户籍治安管理	3～5万人设一处；应有独立院落	700～1000	600
	（49）其他管理用房	市场、工商税务、粮食管理等	3万～5万人设一处；可结合市场或街道办事处设置	100	—
	（50）防空地下室	掩蔽体、救护站、指挥所等	在国家确定的一、二类人防重点城市中，凡高层建筑下设满堂人防，另以地面建筑面积2%配建。出入口宜设于交通方便的地段，考虑平战结合	—	—

附录 B 本规范用词说明

B.0.1 为便于在执行本规范条文时区别对待，对要求严格程度不同的用词说明如下：

B.0.1.1 表示很严格，非这样不可的：

正面词采用"必须"；

反面词采用"严禁"。

B.0.1.2 表示严格，在正常情况下均应这样做的：

正面词采用"应"；

反面词采用"不应"或"不得"。

B.0.1.3 表示允许稍有选择，在条件许可时首先应这样做的：

正面词采用"宜"或"可"；

反面词采用"不宜"。

B.0.2 条文中指定应按其他有关标准、规范执行时，写法为"应符合……的规定"。

附加说明

本规范主编单位、参加单位和主要起草人名单

主 编 单 位：中国城市规划设计研究院

参 加 单 位：北京市城市规划设计研究院

上海市城市规划设计研究院

湖北省城市规划设计研究院

武汉市城市规划设计研究院

黑龙江省城市规划设计研究院

唐山市规划局

重庆市城市规划设计院

常州市规划局

同济大学城市规划设计研究所

主要起草人：王玮华　吴　晟　颜望馥　杨振华　涂英时

主要修编单位：中国城市规划设计研究院

参加修编单位：北京市城市规划设计研究院

中国建筑技术研究院

主要起草人：涂英时　吴　晟　杨振华　刘燕辉　赵文凯　张　播

参 加 人 员：刘国园

第四节　城市容貌标准

GB 50449—2008

中华人民共和国住房和城乡建设部公告

第 129 号

关于发布国家标准《城市容貌标准》的公告

现批准《城市容貌标准》为国家标准，编号为 GB 50449—2008，自 2009 年 5 月 1 日起实施。其中，第 4.0.2、5.0.9、7.0.5、8.0.4（2）、10.0.6 条（款）为强制性条文，必须严格执行。原《城市容貌标准》CJ/T 12—1999 同时废止。

本标准由我部标准定额研究所组织中国计划出版社出版发行。

中华人民共和国住房和城乡建设部

二〇〇八年十月十五日

前　言

　　根据住房和城乡建设部"关于印发《二〇〇一～二〇〇二年度工程建设国家标准制订、修订计划》的通知"（建标［2002］85 号）的要求，本标准由上海市市容环境卫生管理局负责主编，具体由上海环境卫生工程设计院会同天津市环境卫生工程设计院共同对《城市容貌标准》CJ/T 12—1999 进行全面修订而成。

　　在本标准修订过程中，标准编制组经广泛调查研究，认真总结了国内外实践经验和科研成果，参考了有关国际标准和国外先进技术，把握发展趋势，完整梳理了城市容貌的内涵、外延，并在广泛征求全国相关单位意见的基础上，经反复讨论、修改，最后经专家审查定稿。

　　本标准修订后共有 11 章，主要修订内容是：

　　1. 增加了术语章节，对城市容貌、公共设施等标准中涉及的相关术语进行了规定；

　　2. 将原来标准中的公共设施章节中的有关城市道路容貌方面的规定单设一章，并进行修订和补充；

　　3. 增加了城市照明若干规定，并单设一章；

　　4. 增加了城市水域若干规定，并单设一章；

　　5. 增加了居住区若干规定，并单设一章；

　　6. 保留了原标准中已有章节，但对各章节内容进行了修订和补充。

　　本标准中以黑体字标志的条文为强制性条文，必须严格执行。

　　本标准由住房和城乡建设部负责管理和对强制性条文的解释，上海环境卫生工程设计院负责具体技术内容的解释。在执行过程中，请各单位结合工程实践，认真总结经验，如发现需要修改或补充之处，请将意见和建议寄上海环境卫生工程设计院（地址：上海市徐汇区石龙路 345 弄 11 号，邮政编码：200232）

　　本标准主编单位、参编单位和主要起草人：

主 编 单 位： 上海市市容环境卫生管理局

参 编 单 位： 上海环境卫生工程设计院

　　　　　　　　天津市环境卫生工程设计院

主要起草人： 冯肃伟　秦　峰　冯　蒂　陈善平　万云峰　郜　俊

　　　　　　　　吕世会　钦　濂　郑双杰　邓　枫　张　范　何俊宝

城 市 容 貌 标 准

1 总则

1.0.1 为加强城市容貌的建设与管理，创造整洁、美观的城市环境，保障人体健康与生命安全，促进经济社会可持续发展，制定本标准。

1.0.2 本标准适用于城市容貌的建设与管理。城市中的建（构）筑物、道路、园林绿化、公共设施、广告标志、照明、公共场所、城市水域、居住区等的容貌，均适用本标准。

1.0.3 城市容貌建设与管理应符合城市规划的要求，并应与城市社会经济发展、环境保护相协调。

1.0.4 城市容貌建设应充分体现城市特色，保持当地风貌，保持城市环境整洁、美观。

1.0.5 城市容貌的建设与管理，除应符合本标准外，尚应符合国家现行有关标准的规定。

2 术语

2.0.1 城市容貌　urban appearance

城市外观的综合反映，是与城市环境密切相关的城市建（构）筑物、道路、园林绿化、公共设施、广告标志、照明、公共场所、城市水域、居住区等构成的城市局部或整体景观。

2.0.2 公共设施　public facility

设置在道路和公共场所的交通、电力、通信、邮政、消防、环卫、生活服务、文体休闲等设施。

2.0.3 城市照明　urban lighting

城市功能照明和景观照明的总称，主要指城市范围内的道路、街巷、住宅区、桥梁、隧道、广场、公共绿地和建筑物等处的功能照明、景观照明。

2.0.4 公共场所　public area

机场、车站、港口、码头、影剧院、体育场（馆）、公园、广场等供公众从事社会活动的各类室外场所。

2.0.5 广告设施与标识　facilities of outdoor advertising and sign

广告设施是指利用户外场所、空间和设施等设置、悬挂、张贴的广告。标识是指招牌、路铭牌、指路牌、门牌及交通标志牌等视觉识别标志。

3 建（构）筑物

3.0.1 新建、扩建、改建的建（构）筑物应保持当地风貌，体现城市特色，其造型、装饰等应与所在区域环境相协调。

3.0.2 城市文物古迹、历史街区、历史文化名城应按现行国家标准《历史文化名城保护规划规范》GB 50357 的有关规定进行规划控制；历史保护建（构）筑物不得擅自拆除、改建、装饰装修，并应设置专门标志；其他具有历史价值的建（构）筑物及具有代表性风格的建（构）筑物，宜保持原有风貌特色。

3.0.3 现有建（构）筑物应保持外形完好、整洁，保持设计建造时的形态和色彩，符合街景要求。破残的建（构）筑物外立面应及时整修。

3.0.4 建（构）筑物不得违章搭建附属设施。封闭阳台、安装防盗窗（门）及空调外机等设施，宜统一规范设置。电力、电信、有线电视、通信等空中架设的缆线宜保持规范、有序，不得乱拉乱设。

3.0.5 建筑物屋顶应保持整洁、美观，不得堆放杂物。屋顶安装的设施、设备应规范设置。屋顶色彩宜与周围景观相协调。

3.0.6 临街商店门面应美观，宜采用透视的防护设施，并与周边环境相协调。建筑物沿街立面设置的遮阳篷帐、空调外机等设施的下沿高度应符合现行国家标准《民用建筑设计通则》GB 50352 的规定。

3.0.7 城市道路两侧的用地分界宜采用透景围墙、绿篱、栅栏等形式，绿篱、栅栏的高度不宜超过 1.6m。胡同里巷、楼群角道设置的景门，其造型、色调应与环境协调。

3.0.8 城市各类工地应有围墙、围栏遮挡，围墙的外观宜与环境相协调。临街建筑施工工地周围宜设置不低于 2m 的遮挡墙，市政设施、道路挖掘施工工地围墙高度不宜低于 1.8m，围栏高度不宜低于 1.6m。围墙、围栏保持整洁、完好、美观，并设有夜间照明装置；2m 以上的工程立面宜使用符合规定的围网封闭。围墙外侧环境应保持整洁，不得堆放材料、机具、垃圾等，墙面不得有污迹，无乱张贴、乱涂画等现象。靠近围墙处的临时工棚屋顶及堆放物品高度不得超过围墙顶部。

3.0.9 城市雕塑和各种街景小品应规范设置，其造型、风格、色彩应与周边环境相协调，应定期保洁，保持完好、清洁和美观。

4 城市道路

4.0.1 城市道路应保持平坦、完好，便于通行。路面出现坑凹、碎裂、隆起、溢水以及水毁塌方等情况，应及时修复。

4.0.2 城市道路在进行新建、扩建、改建、养护、维修等施工作业时，在施工现场应设置明显标志和安全防护设施。施工完毕后应及时平整现场、恢复路面、拆除防护设施。

4.0.3 坡道、盲道等无障碍设施应畅通、完好，道缘石应整齐、无缺损。

4.0.4 道路上设置的井（箱）盖、雨箅应保持齐全、完好、正位，无缺损，不堵塞。

4.0.5 人行天桥、地下通道出入口构筑物造型应与周围环境相协调。

4.0.6 不得擅自占用城市道路用于加工、经营、堆放及搭建等。非机动车辆应有序停放，不得随意占用道路。

4.0.7 交通护栏、隔离墩应经常清洗、维护，出现损坏、空缺、移位、歪倒时，应及时更换、补充和校正。路面上的各类井盖出现松动、破损、移位、丢失时，应及时加固、更换、归位和补齐。

4.0.8 城市道路应保持整洁，不得乱扔垃圾，不得乱倒粪便、污水，不得任意焚烧落叶、枯草等废弃物。城市道路应定时清扫保洁，有条件的城市或路段宜对道路采用水洗除尘，影响交通的降雪应及时清除。

4.0.9 各种城市交通工具，应保持车容整洁、车况良好，防止燃油泄漏。运载散体、流体的车辆应密闭，不得污损路面。

5 园林绿化

5.0.1 城市绿化、美化应符合城市规划，并和新建、改建、扩建的工程项目同步建设、同时投入使用。

5.0.2 城市绿化应以绿为主，以美取胜，应遵循生物多样性及适地适树原则，合理配置乔、灌、草，注重季相变化，不得盲目引进外来植物。

5.0.3 城市绿地应定时进行养护，保持植物生长良好、叶面洁净美观，无明显病虫害、死树、地皮空秃。城市绿化养护应符合以下要求：

（1）公共绿地不宜出现单处面积大于 1m² 以上的泥土裸露。

（2）造型植物、攀缘植物和绿篱，应保持造型美观。绿地中模纹花坛、模纹组字等应保持完整、绚丽、鲜明。绿地围栏、标牌等设施应保持整洁、完好。

（3）绿地环境应整洁美观，无垃圾杂物堆放，并应及时清除渣土、枝叶等，严禁露天焚烧枯枝、落叶。

（4）行道树应保持树形整齐、树冠美观，无缺株、枯枝、死树和病虫害，定期修剪，不应妨碍车、人通行，且不应碰架空线。

5.0.4 城市道路绿地率指标应符合表 5.0.4 的规定。

表 5.0.4 道路绿地率指标

道路类型	道路绿地率
园林景观路	≥40%
红线宽度>50m	≥30%
红线宽度 40～50m	≥25%
红线宽度<40m	≥20%

5.0.5 绿带、花坛（池）内的泥土土面应低于边缘石 10cm 以上，边缘石外侧面应保持完好、整洁。树池周围的土面应低于边缘石，宜采用草坪、碎石等覆盖，无泥土裸露。

5.0.6 对古树名木应进行统一管理、分别养护，并应制定保护措施、设置保护标志。

5.0.7 城市绿化应注重庭院、阳台绿化和垂直绿化。

5.0.8 河流两岸、水面周围，应进行绿化。

5.0.9 严禁违章侵占绿地，不得擅自在城市树木花草和绿化设施上悬挂或摆放与绿化无关的物品。

6 公共设施

6.0.1 公共设施应规范设置，标识应明显，外形、色彩应与周边环境相协调，并应保持完好、整洁、美观，无污迹、尘土，无乱涂写、乱刻画、乱张贴、乱吊挂，无破损、表面脱落现象。

6.0.2 各类摊、亭、棚的样式、材料、色彩等，应根据城市区域建筑特点统一设计、建造，宜兼顾功能适用与外形美观，并组合设计，一亭多用。

6.0.3 书报亭、售货亭、彩票亭等应保持干净整洁，亭体内外玻璃立面洁净透明；各类物品应规范、有序放置,严禁跨门营业。

6.0.4 城市中不宜新建架空管线设施,对已有架空管线宜逐步改造入地或采取隐蔽措施。

6.0.5 电线杆、灯杆、指示杆等杆体无乱张贴、乱涂写、乱吊挂;各类标识、标牌有机组合、一杆多用。

6.0.6 候车亭应保持完整、美观,顶棚内外表面无明显积灰、无污迹;座位保持干净清洁,厅内无垃圾杂物、无明显灰尘;广告灯箱表面保持明亮,亮灯效果均匀;站台及周边环境保持整洁。

6.0.7 垃圾收集容器、垃圾收集站、垃圾转运站、公共厕所等环境卫生公共设施应保持整洁,不得污染环境;应定期维护和更新,设施完好率不应低于95%,并应运转正常。

6.0.8 公共健身、休闲设施应保持清洁、卫生。

7 广告设施与标识

7.0.1 广告设施与标识按面积大小分为大型、中型、小型,并应符合表7.0.1的规定。

表 7.0.1 广告设施与标识分类

类 型	a(m)或 S(m²)
大型	$a \geqslant 4$ 或 $S \geqslant 10$
中型	$4 > a > 2$ 或 $10 > S > 2.5$
小型	$a \leqslant 2$ 或 $S \leqslant 2.5$

注:a 指广告设施与标识的任一边边长,S 指广告设施与标识的单面面积。

7.0.2 广告设施与标识设置应符合城市专项规划,与周边环境相适应,兼顾昼夜景观。

7.0.3 广告设施与标识使用的文字、商标、图案应准确规范。陈旧、损坏的广告设施与标识应及时更新、修复,过期和失去使用价值的广告设施应及时拆除。

7.0.4 广告应张贴在指定场所,不得在沿街建(构)筑物、公共设施、桥梁及树木上涂写、刻画、张贴。

7.0.5 有下列情形之一的,严禁设置户外广告设施:

(1)利用交通安全设施、交通标志的。

(2)影响市政公共设施、交通安全设施、交通标志使用的。

(3)妨碍居民正常生活,损害城市容貌或者建筑物形象的。

(4)利用行道树或损毁绿地的。

(5)国家机关、文物保护单位和名胜风景点的建筑控制地带。

(6)当地县级以上地方人民政府禁止设置户外广告的区域。

7.0.6 人流密集、建筑密度高的城市道路沿线,城市主要景观道路沿线,主要景区内,严禁设置大型广告设施。

7.0.7 城市公共绿地周边应按城市规划要求设置广告设施,且宜设置小型广告设施。

7.0.8 对外交通道路,场站周边广告设置不宜过多,宜设置大、中型广告设施。

7.0.9 建筑物屋顶不宜设置大型广告设施,三层及以下建筑物屋顶不得设置大型广告设施,当在建筑物屋顶设置广告设施时,应严格控制广告设施的高度,且不得破坏建筑物结构;建筑物屋顶广告设施的底部构架不应裸露,高度不应大于1m,并应采取有效措施保证广告设施结构稳定、安装牢固。

7.0.10 同一建筑物外立面上的广告的高度、大小应协调有序，且不应超过屋顶，广告设置不应超过屋顶，广告设置不应遮盖建筑物的玻璃幕墙和窗户。

7.0.11 人行道上不得设置大、中型广告，宜设置小型广告。宽度小于 3m 的人行道不得设置广告，人行道上设置广告的纵向间距不应小于 25m。

7.0.12 车载广告上的色彩应协调，画面应简洁明快、整洁美观。不应使用反光材料，不得影响识别和乘坐。

7.0.13 布幔、横幅、气球、彩虹气膜、空飘物、节日标语、广告彩旗等广告，应按批准的时间、地点设置。

7.0.14 招牌广告应规范设置；不应多层设置，宜在一层门檐以上、二层窗檐以下设置，其牌面高度不得大于 3m，宽度不得超出建筑物两侧墙面，且必须与建筑立面平行。

7.0.15 路铭牌、指路牌、门牌及交通标志牌的标识应设置在适当的地点及位置，规格、色彩应分类统一，形式、图案应与街景协调，并保持整洁、完好。

8 城市照明

8.0.1 城市照明应与建筑、道路、广场、园林绿化、水域、广告标志等被照明对象及周边环境相协调，并体现被照明对象的特征及功能。照明灯具和附属设备应妥善隐蔽安装，兼顾夜晚照明及白昼观瞻。

8.0.2 根据城市总体布局及功能分区，进行亮度等级划分，合理控制分区亮度，突出商业街区、城市广场等人流集中的公共区域、标志性建（构）筑物及主要景点等的景观照明。

8.0.3 城市景观照明与功能照明应统筹兼顾，做到经济合理，满足使用功能，景观效果良好。

8.0.4 城市照明应符合生态保护、环境保护的要求，避免光污染，并应符合以下规定：

（1）城市照明设施的外溢光/杂散光应避免对行人和汽车驾驶员形成失能眩光或不舒适眩光。

（2）城市照明灯具的眩光限制应符合表 8.0.4 的规定。

表 8.0.4 城市照明灯具的眩光限制

安装高度（m）	L 与 A 的关系
$h \leqslant 4.5$	$LA0.5 \leqslant 4000$
$4.5 < h \leqslant 6$	$LA0.5 \leqslant 5500$
$h > 6$	$LA0.5 \leqslant 7000$

注：① L 为灯具与向下垂线成 85°和 90°方向间的最大平均亮度（cd/m²）；

② A 为灯具在与向下垂线成 85°和 90°方向间的出光面积（m²），含所有表面；

（3）城市景观照明设施应控制外溢光/杂散光，避免形成障害光；

（4）室外灯具的上射逸出光不宜大于总输出光通的 25%。在天文台（站）附近 3km 范围内的室外照明应从严控制，必须采用上射光通量比为零的道路照明灯具；

（5）城市照明设施应避免光线对于乔木、灌木和其他花卉生长的影响。

8.0.5 新建、改建、扩建工程的照明设施应与主体工程同步设计、同步施工、同步投入使用。

8.0.6 城市照明应节约能源、保护环境，应采用高效、节能、美观的照明灯具及光源。

8.0.7 灯杆、灯具、配电柜等照明设备和器材应定期维护，并应保持整洁、完好，确保正常运行。

8.0.8 城市功能照明设施应完好，城市道路及公共场所装灯率及亮灯率均应达到95％。

9 公共场所

9.0.1 公共场所及其周边环境应保持整洁，无违章设摊、无人员露宿。经营摊点应规范经营，无跨门营业，保持整洁卫生，不影响周围环境。

9.0.2 公共场所应保持清洁卫生，无垃圾、污水、痰迹等污物。

9.0.3 机动车停车场、非机动车停放点（亭、棚）应布局合理、设置规范，车辆停放整齐。非机动车停放点（亭、棚）不应设置在影响城市交通和城市容貌的主要道路、景观道路及景观区域内。

9.0.4 在公共场所举办节庆、文化、体育、宣传、商业等活动，应在指定地点进行，及时清扫保洁。

9.0.5 集贸市场内的经营设施以及垃圾收集容器、公共厕所等设施应规范设置、布局合理，保持干净、整洁、卫生。

10 城市水域

10.0.1 城市水域应力求自然、生态，与周围人文景观相协调。

10.0.2 水面应保持清洁，及时清除垃圾、粪便、油污、动物尸体、水生植物等漂浮废物。

10.0.3 水体必须严格控制污水超标排入，无发绿、发黑、发臭等现象。

10.0.4 水面漂浮物拦截装置应美观，与周边环境相协调，不得影响船舶的航行。

10.0.5 岸坡应保持整洁完好，无破损，无堆放垃圾，无定置渔网、渔箱、网断，无违章建筑和堆积物品。亲水平台等休闲设施应安全、整洁、完好。

10.0.6 岸边不得有从事污染水体的餐饮、食品加工、洗染等经营活动，严禁设置家畜家禽等养殖场。

10.0.7 各类船舶、趸船及码头等临水建筑应保持容貌整洁，各种废弃物不得排入水体。

10.0.8 船舶装运垃圾、粪便和易飞扬散装货物时，应密闭加盖，无裸露现象，防止飘散物进入水体。

11 居住区

11.0.1 居住区内建筑物防盗门窗、遮阳雨棚等应规范设置，外墙及公共区域墙面无乱张贴、乱刻画、乱涂写，临街阳台外无晾晒衣物。各类架设管线应符合现行国家标准《城市居住区规划设计规范》GB 50180 的有关规定，不得乱拉乱设。

11.0.2 居住区内道路路面应完好畅通，整洁卫生，无违章搭建、占路设摊，无乱堆乱停。道路排水通畅，无堵塞。

11.0.3 居住区内公共设施应规范设置，合理布局，整洁完好。座椅（具）、书报亭、邮箱、报栏、电线杆、变电箱等设施无乱张贴、乱刻画、乱涂写。

11.0.4 居住区内公共娱乐、健身休闲、绿化等场所无积存垃圾和积留污水，无堆物及违章搭建。

11.0.5 居住区的垃圾收集容器（房）、垃圾压缩收集站、公共厕所等环卫设施应规范设置，定期保洁和维护。

11.0.6 居住区内绿化植物应定期养护，无明显病虫害，无死树，无种植农作物、违章搭建等毁坏、侵占绿化用地现象。

11.0.7 居住区的各种导向牌、标志牌和示意地图应完好、整洁、美观。

11.0.8 居住区内不得利用居住建筑从事经营加工活动，严禁饲养鸡、鸭、鹅、兔、羊、猪等家禽家畜。居民饲养宠物和信鸽不得污染环境，对宠物在道路和其他公共场地排放的粪便，饲养人应当即时清除。

本标准用词说明

1 为便于在执行本标准条文时区别对待，对要求严格程度不同的用词说明如下：

　1） 表示很严格，非这样做不可的用词：

　　正面词采用"必须"，反面词采用"严禁"。

　2） 表示严格，在正常情况下均应这样做的用词：

　　正面词采用"应"，反面词采用"不应"或"不得"。

　3） 表示允许稍有选择，在条件许可时首先应这样做的用词：

　　正面词采用"宜"，反面词采用"不宜"；

　　表示有选择，在一定条件下可以这样做的用词，采用"可"。

2 本标准中指明应按其他有关标准、规范执行的写法为"应符合……的规定"或"应按……执行"。

后　　记

《城市园林绿化评价标准》（GB/T 50563—2010）（以下简称"标准"）已经住房和城乡建设部于 2010 年 5 月 31 日正式发布，自 2010 年 12 月 1 日起实施，成为我国园林行业第一部应用于评价的"国家标准"。

本"标准"的实施对我国城市园林绿化乃至更广域的城市环境建设来说都具有深远的影响，"标准"包括了城市园林绿化以及城市环境和基础设施建设的多个领域，涵盖了规划、建设、管理等多个层面，总结了我国城市园林绿化多年来的研究成果和实践经验，采纳成熟的科研成果，归纳了我国城市园林绿化的不同发展水平，体现了现代城市园林绿化的发展方向。可以说"评价标准"将成为各城市园林绿化发展的行动指南，也阐明了城市园林绿化发展各阶段的目标。

"标准"既继承了过去已在实践中应用的一些评价方法和评价内容，同时结合行业发展的需要，也纳入了一些新的技术内容，在评价方法上更加强调了公正、科学、准确，形成了一个相对来说较新的评价体系。所以，对于"标准"的使用者来说，许多工作是头一次面对。"标准"中涉及的 55 项内容，有一些在以前的工作中可能存在概念不清、资料不全、没有涉及、无法量化等诸多情况。因为以往的工作基础、技术条件、经济能力等诸方面原因限制，一些内容的内涵和外延存在复杂性和模糊性，所以对准确掌握标准的尺度有一定难度。为了方便广大园林工作者能够较为全面地理解"标准"各项内容设置的目的和意义、资料获取的途径以及评价中的统计、计算方法和注意事项，回答一些使用者在前期工作交流中的一些问题，特编制本书以释疑解惑。

因"标准"涉及面较广，加之本书编纂时间仓促，可能不能涵盖所有问题，我们愿意在以后的时间里随时与各位读者进行交流，希望大家提出宝贵意见以便我们及时总结。

编　者

2011 年 12 月